U0178612

中华人民共和国住房和城乡建设部

装配式建筑工程
投资估算指标

TY 01-02-2023

ZHUANGPEISHI JIANZHU GONGCHENG TOUZI GUSUAN ZHIBIAO

中国计划出版社

北 京

图书在版编目（ＣＩＰ）数据

装配式建筑工程投资估算指标 : TY01-02-2023 / 住
房和城乡建设部标准定额研究所组织编制. -- 北京 : 中
国计划出版社, 2023.8
　　ISBN 978-7-5182-1454-9

　　Ⅰ. ①装… Ⅱ. ①住… Ⅲ. ①装配式构件－建筑工程
－工程造价－估算－中国 Ⅳ. ①TU723.32

　　中国版本图书馆CIP数据核字(2022)第077757号

责任编辑:沈　建　　　　封面设计:韩可斌
责任校对:杨奇志　谭佳艺　　责任印制:李　晨　王亚军

中国计划出版社出版发行
网址:www.jhpress.com
地址:北京市西城区木樨地北里甲 11 号国宏大厦 C 座 3 层
邮政编码:100038　电话:(010)63906433(发行部)
三河富华印刷包装有限公司印刷

880mm×1230mm　1 /16　26.25 印张　812 千字
2023 年 8 月第 1 版　2023 年 8 月第 1 次印刷

定价:180.00 元

主编部门：中华人民共和国住房和城乡建设部

批准部门：中华人民共和国住房和城乡建设部

执行日期：２０２３年１１月１日

住房城乡建设部文件

建标〔2023〕46 号

住房城乡建设部关于印发《装配式 建筑工程投资估算指标》的通知

各省、自治区住房城乡建设厅,直辖市住房城乡建设(管)委,新疆生产建设兵团住房城乡建设局,国务院有关部门:

为推进装配式建筑发展,满足装配式建筑投资估算需要,我部组织编制了《装配式建筑工程投资估算指标》(TY01-02-2023),自 2023 年 11 月 1 日起实施。

《装配式建筑工程投资估算指标》在住房城乡建设部门户网站(www.mohurd.gov.cn)公开,并由住房城乡建设部标准定额研究所组织中国计划出版社有限公司出版发行。

中华人民共和国住房和城乡建设部

2023 年 7 月 28 日

前　言

　　为贯彻落实国务院办公厅《关于大力发展装配式建筑的指导意见》（国办发〔2016〕71号），制订完善装配式建筑工程计价依据。住房和城乡建设部制定了《装配式建筑工程投资估算指标》（以下简称"本指标"）。本指标的制定发布将对合理确定和控制装配式建筑工程投资，满足装配式建筑工程编制项目建议书和可行性研究报告投资估算的需要起到积极的作用。

　　本指标由住房和城乡建设部负责管理。

　　本指标起草单位：湖北省建设工程标准定额管理总站（地址：湖北省武汉市武昌区体育馆路2号新凯大厦7楼，邮政编码：430000）

　　中建三局绿色产业投资有限公司

　　中建科工集团有限公司

　　湖北福汉木业（集团）发展有限责任公司

　　湖北天欣木结构房制造有限公司

总　说　明

为满足装配式建筑工程前期投资估算的需要,进一步推进装配式建筑工程建设发展,编制《装配式建筑工程投资估算指标》。

一、本指标以《装配式建筑评价标准》GB/T 51129—2017 及现行相关的工程建筑技术标准为依据,结合 2018—2019 年全国有代表性的装配式工程资料进行编制。

二、本指标适用于新建的装配式建筑工程项目,扩建和改建的项目可参考使用。

三、本指标是装配式建筑工程前期编制投资估算、多方案比选和优化设计的参考,是项目决策阶段评价投资可行性、分析投资效益的主要经济指标。

四、本指标共分四章,分别为 ±0 以下建筑工程综合参考指标、±0 以上建筑工程综合指标、室外及配套工程综合参考指标和 ±0 以上建筑工程分项调整指标。

五、±0 以下建筑工程综合参考指标与室外及配套工程综合参考指标是根据工程资料及经验数据综合考虑,设置范围参考值和指标参考值,其中指标参考值在范围参考值基础上进一步将项目分档,可根据项目的建设标准和具体情况合理取值作为项目估算值。

六、本指标所指装配式建筑工程主要是 ±0 以上建筑工程,指标内容包括综合指标和分项调整指标。

七、综合指标及分项调整指标由建筑工程费用、安装工程费用、设备购置费、工程建设其他费、基本预备费的单方指标组成,本指标未含涨价预备费,该费用可自行考虑。

1. 建筑工程费用和安装工程费用由人工费、材料费、机械费、综合费、税金组成。

建筑工程费用(即建安工程费)包含主体结构工程、围护墙和内隔墙工程、装修和安装工程(门窗、屋面及防水、保温隔热、楼地面装饰、墙柱面装饰、天棚、涂料、电气、给排水、通风、消防、电梯等)费用。

安装工程费用一般包括各种需要安装的机械设备和电气设备等工程的安装费用,如进行各类生产、动力、电讯、起重、医疗、实验等设备的安装,附属于被安装设备的管线敷设,被安装设备的绝缘、保温、油漆、测定、单体试运转等的费用。

(1)单价措施费如大型机械设备进出场及安装拆除、混凝土和钢筋混凝土模板及支架、脚手架安拆等费用已并入人工费、材料费、机械费中。

(2)综合费包括管理费、利润、规费、总价措施费。总价措施费包括安全文明施工费、夜间施工费、非夜间施工照明费、二次搬运费、冬雨季施工费、已完工程及设备保护费、临时工程保护费等。

2. 设备购置费由设备原价和设备运杂费组成。设备运杂费指除设备原价以外的设备采购、运输、包装及仓库保管等方面支出费用的总和。

3. 工程建设其他费是指建设期发生的与土地使用权取得、全部工程项目建设以及未来生产经营有关的费用(不包括建设用地费用)。

4. 基本预备费是指在项目实施中可能发生难以预料的支出,需要预先预留的费用。

八、本指标计算程序见下表。

指标计算程序表

序号	项目	取费基数及计算式
	指标基价	一＋二＋三＋四
一	建安工程费	(一)＋(二)＋(三)
(一)	人材机合计	1＋2＋3
1	人工费	

续表

序号	项目	取费基数及计算式
	指标基价	一＋二＋三＋四
2	材料费	
3	机械费	
（二）	综合费	（一）×综合费费率
（三）	税金	［（一）＋（二）］×税率
二	设备购置费	设备原价＋设备运杂费
三	工程建设其他费	（一＋二）×工程建设其他费费率
四	基本预备费	（一＋二＋三）×基本预备费费率

九、综合费、税金、工程建设其他费及基本预备费,费率是根据现行相关规定的收费标准取定的。综合费费率为25%,税率为9%,工程建设其他费费率为15%,基本预备费费率为5%。

十、综合指标由主体结构、围护墙和内隔墙、装修与安装工程三个分项调整指标组成,分项调整指标是综合指标重要组成的详细分解。综合指标适用于项目前期阶段,当设计文件进一步明确时,则可选用分项调整指标。各地区也可以根据本地区的实际情况用分项调整指标对综合指标进行重新计算。

十一、综合指标可调整人工单价、材料单价、综合费费率、税金、工程建设其他费及基本预备费,其中:

1. 人工单价按综合工日117.5元/工日计取,人工单价按工程所在地工程造价管理部门的相关规定调整。

2. 预制构件价格(梁、板、墙、柱、空调板、阳台板等)、钢筋价格、混凝土价格根据2019年《北京工程造价信息》第七辑材料价格综合取定,材料价格调整时可按当地发布的价格信息的除税材料价格或市场询价综合取定。

3. 综合费费率及税金可参照本指标确定,也可按各建设行政主管部门发布的费率调整。

4. 工程建设其他费、基本预备费费率可参照本指标确定,也可按各建设行政主管部门发布的费率调整。

以上调整因素调整后,按本说明第八条计算形成新的综合指标。

十二、分项调整指标可调整人工、主要材料单方用量、人工单价、材料单价、工程建设其他费及基本预备费,其中人工、主要材料单方用量可根据实际设计文件调整。其他调整同综合指标,按本说明第八条计算形成新的分项指标,三项分项指标之和形成新的综合指标。

十三、本指标按抗震设防烈度6度考虑,所处地区抗震设防烈度不同时可进行调整(见下表),本指标调整系数仅供参考,已调整人工、主要材料单方用量的不再调整此系数。

抗震设防烈度调整系数表

序号	抗震设防烈度	调整系数
1	6度	1.00
2	7度	1.05
3	8度	1.10
4	9度	1.15

注:调整基数为结构指标。

十四、编制±0以上建筑常用装配率投资估算指标时,若拟建项目的装配率与本指标一致,则直接执行本指标;若实际装配率与本指标不一致,按本指标高一级装配率执行。

十五、根据《民用建筑设计统一标准》GB 50352—2019,民用建筑按地上建筑高度或层数分类划分。

1. 建筑高度不大于 27.0m 的住宅建筑、建筑高度不大于 24.0m 的公共建筑及建筑高度大于 24.0m 的单层公共建筑为低层或多层民用建筑。

2. 建筑高度大于 27.0m 的住宅建筑和建筑高度大于 24.0m 的非单层公共建筑,且高度不大于 100.0m 的,为高层民用建筑。

3. 建筑高度大于 100m 为超高层建筑。

十六、本指标建筑面积按《建筑工程建筑面积计算规范》GB/T 50353—2013 计算。

十七、本指标中指标编号为"×Z-×××"或"×F-×××(×)",除注明英文字母表示外,均用阿拉伯数字表示。其中:

1. Z 表示综合指标,1Z 为装配式混凝土结构工程,2Z 为装配式钢结构工程,3Z 为装配式木结构工程。

2. F 表示分项指标,1F 为装配式混凝土结构工程,2F 为装配式钢结构工程,3F 为装配式木结构工程。

3. "-"号后的 ××× 表示划分序号,同一部分顺序编号。

4.(×)为同一分项指标顺序编号。

十八、本指标中注有"×× 以内"或"×× 以下"者,均包括 ×× 本身;注有"×× 以外"或"×× 以上"者,则不包括 ×× 本身。

十九、本指标中各类占比指标均按四舍五入后的整数百分比计算,存在占比相加不等于100%的情况。

二十、本总说明未尽事宜,详见各章说明。

目　录

第一章　±0 以下建筑工程综合参考指标

说　明

一、本章综合参考指标为 ±0 以下建筑部分,包括土石方工程、基础工程、基坑支护工程、地下室工程、人防设施工程。

二、本章综合参考指标仅供参考,若与该地区实际差异较大时,以当地指标为准。

三、本指标组成及计算程序同总说明中装配式综合指标及分项调整指标。

四、其他有关说明:

1. 土石方工程包括:大土(石)方开挖,10km 以内余土外运,按需要挖掘土(石)方量计算,以 94% 机械开挖、6% 人工开挖的方式考虑,工程量按地下室建筑面积计算(如无地下室按首层面积计算)。

2. 基础工程(不含地下室)包括:桩基础、承台、独立基础、基础梁、满堂基础,按地下室建筑面积计算(如无地下室按首层面积计算)。

3. 基坑支护工程包括:单排钻孔灌注桩、旋挖桩、管桩及冠梁支撑,混凝土喷锚护坡等。

4. 地下室工程(含基本装修)包括:地下室顶板、墙柱、梁板、防水及保护层、室内墙板抹灰和乳胶漆墙面、地面水泥砂浆或地坪漆、防火门、停车设施及标线、公共通道等局部墙、地面装饰,按地下室建筑面积计算。

5. 人防设施工程包括:人防门、人防安装工程,按人防面积计算。

±0以下建筑工程综合参考指标

序号	工程类别	单位	范围参考值	指标参考值	差异性说明	工作内容	计算规则
1.1.1	土石方工程	元/m²	300~880	300	一、二类	土石方工程包括：大土（石）方开挖，10km以内余土外运，按需要挖掘土（石）方量计算，以94%机械开挖、6%人工开挖的方式考虑	按地下室建筑面积计算（如无地下室按首层面积计算）
				550	三类		
				880	四类		
1.1.2	基础工程（不含地下室）	元/m²	150~1 800	300	山地为主，土质较好	基础工程（不含地下室）包括：桩基础、承台、独立基础、基础梁、满堂基础	按地下室建筑面积计算（如无地下室按首层面积计算）
				800	农田为主，淤泥、流砂较少		
				1 800	沿海平原，淤泥质土为主		
1.1.3	基坑支护工程（不含降水工程）	元/m²	50~400	50	网喷护坡	基坑支护包括：单排钻孔灌注桩、旋挖桩、管桩及冠梁支撑，水泥搅拌桩止水，混凝土喷锚护坡等	按地下室建筑面积计算
				400	桩基支护		
1.1.4	地下室工程（不含基础工程和人防设施，含基本装修、人防结构）	元/m²	3 000~4 000	3 300	地下二层	地下室（含基本装修）包括：地下室顶板、墙柱、梁板、防水及保护层、室内墙板抹灰和乳胶漆墙面、地面水泥砂浆或地坪漆、防火门、停车设施及标线、公共通道等局部墙、地面装饰、供水、通风等设备费用	按地下室建筑面积计算
				3 800	地下一层		
1.1.5	人防设施工程	元/m²	300~600	500	—	人防设施工程包括：人防门、人防安装工程	按人防面积计算

第二章　±0以上建筑工程综合指标

说　明

一、±0 以上建筑工程综合指标包括装配式混凝土结构工程、装配式钢结构工程、装配式木结构工程。

二、综合指标的计量单位按地上建筑面积以"m^2"计。

三、综合指标中人工单方用量不含预制构件制作人工；现浇钢筋、现浇混凝土单方用量仅指现浇部分，不含预制构件消耗量。

四、本指标预制构件按 2019 年《北京工程造价信息》（第七辑）以成品材料价格综合取定计入预制构件材料费中，预制构件材料价格可按当地发布的价格信息或市场价格进行调整，其价格包含制作、运输等，为成品到场价。

五、各节说明如下：

1. 装配式混凝土结构工程：

（1）装配式混凝土结构分为居住建筑及公共建筑两类。居住建筑包含住宅、宿舍、公寓。公共建筑包含写字楼、学校、医院等。

（2）装配式混凝土居住建筑按建筑高度划分为低层或多层居住类、高层居住类、超高层居住类三个类别，公共建筑按建筑高度划分为低层或多层公共类、高层公共类两个类别。

（3）装配式混凝土综合指标按照不同结构形式划分，见下表。

装配式混凝土结构工程指标设置表

序号	建筑用途	层数	结构形式
1	居住类	低层或多层	剪力墙结构
		高层	框剪结构、剪力墙结构
		超高层	剪力墙结构
2	公共类	低层或多层	框架结构
		高层	框剪结构、框架结构

（4）装配式混凝土装配率按 15%、30%、50%、60%、70% 五个等级划分，若实际装配率与本指标不一致，按本指标高一级装配率执行。

（5）本指标中居住类建筑综合指标装修工程建安工程费按 1 300 元 /m^2 计入，指标基价为 1 569.75 元 /m^2；公共类建筑综合指标装修工程建安工程费按 1 500 元 /m^2 计入，指标基价为 1 811.25 元 /m^2；居住类建筑安装工程建安工程费按 300 元 /m^2 计入，指标基价为 362.25 元 /m^2，公共类建筑安装工程建安工程费按 700 元 /m^2 计入，指标基价为 845.25 元 /m^2，如相应费用与本指标不同时，可按实际工程调整。

2. 装配式钢结构工程：

（1）装配式钢结构分为居住建筑与公共建筑两类。居住建筑包含住宅、别墅、宿舍、公寓，按照建筑高度划分为低层或多层居住类、高层居住类、超高层居住类三个类别。公共建筑按照建筑用途划分办公建筑类、商业建筑类、旅游建筑类、科教文卫建筑类、通信建筑类、交通运输建筑类六个类别。

（2）装配式钢结构综合指标按照结构形式划分，见下表。

装配式钢结构工程指标设置表

序号	建筑用途	层数	结构形式
1	居住类	低层或多层	轻型钢结构、钢框架结构
		高层	钢框架－支撑结构
		超高层	钢框架－钢板剪力墙结构
2	办公建筑类	—	钢框架－支撑结构、钢框架－钢板剪力墙结构
	商业建筑类	—	钢框架结构
	旅游建筑类	—	钢框架结构
	科教文卫建筑类	—	钢框架结构
	通信建筑类	—	钢框架结构
	交通运输建筑类	—	桁架结构等大跨度结构

（3）装配式钢结构装配率按 30%、50%、60%、75%、90% 及 90% 以上六个等级划分，若实际装配率与本指标不一致，按本指标高一级装配率执行。

（4）居住建筑综合指标装修工程建安工程费按 1 300 元 /m² 计入，指标基价为 1 569.75 元 /m²；公共建筑综合指标装修工程建安工程费按 1 500 元 /m² 计入，指标基价为 1 811.25 元 /m²；钢框架－钢筋混凝土核心筒结构的装配率 75% 及其他类结构体系的装配率 90% 装配式建筑工程项目的装修应用一定比例干法楼地面、集成厨房、集成卫生间、管线分离等干式工法，综合指标装修费用按装修工程建安工程费基础增量 150 元 /m² 计入；钢框架－钢筋混凝土核心筒结构的装配率 90% 及其他类结构体系的装配率 90% 以上综合指标装修费用按装修工程建安工程费基础增量 300 元 /m² 计入；如相应费用与本指标不同时，可按实际工程调整。

（5）居住建筑综合指标的安装工程建安工程费按 300 元 /m² 计入，指标基价为 362.25 元 /m²，公共建筑综合指标安装工程建安工程费按 700 元 /m² 计入，指标基价为 845.25 元 /m²，如相应费用与本指标不同时，可按实际工程调整。

3. 装配式木结构工程：

（1）装配式木结构分为居住建筑与公共建筑两类。居住建筑包含住宅、别墅、宿舍、公寓。公共建筑包含办公建筑（如办公楼），旅游建筑（如餐厅、酒店、娱乐场所等），科教文卫建筑（包括展览馆、会议中心、医疗等）等。

（2）装配式木结构居住建筑和公共建筑按结构材料划分为轻型木结构和胶合木结构。

（3）装配式木结构按建筑规模划分，见下表。

装配式木结构工程指标设置表

序号	建筑用途	建筑规模
1	轻型木结构居住类	50m² 以内、300m² 以内、1 000m² 以内
	胶合木结构居住类	50m² 以内、300m² 以内、1 000m² 以内
2	轻型木结构公共类	50m² 以内、300m² 以内、1 000m² 以内
	胶合木结构公共类	50m² 以内、300m² 以内、1 000m² 以内、1 000m² 以外（层高 8m 以内）、1 000m² 以外（层高 8m 以外）

（4）本指标中居住类建筑综合指标装修工程建安工程费按 1 300 元 /m² 计入，指标基价为 1 569.75 元 /m²；公共类建筑综合指标装修工程建安工程费按 1 500 元 /m² 计入，指标基价为 1 811.25 元 /m²；居住类建筑安装工程建安工程费按 300 元 /m² 计入，指标基价为 362.25 元 /m²，公共类建筑安装工程建安工程费按 700 元 /m² 计入，指标基价为 845.25 元 /m²，如相应费用与本指标不同时，可按实际工程调整。

一、装配式混凝土结构工程投资估算综合指标

1. 居住建筑类

（1）低层或多层居住类

单位：m²

序号	指 标 编 号			1Z-001	
	项　目	单位		装配率15%（剪力墙结构）	
				金额	占指标基价比例（％）
	指 标 基 价	元		3 718.28	100
一	建筑工程费用	元		3 079.32	83
二	安装工程费用	元		0.00	0
三	设备购置费	元		0.00	0
四	工程建设其他费	元		461.90	12
五	基本预备费	元		177.06	5
建筑安装工程单方造价					
项 目 名 称		单位		金额	占建安工程费比例（％）
一	人工费	元		611.00	20
二	材料费	元		1 588.10	52
三	机械费	元		60.95	2
四	综合费	元		565.01	18
五	税金	元		254.26	8
人工、主要材料单方用量					
项 目 名 称		单位		单方用量	
一	人工	工日		5.20	
二	预制混凝土构件	m³		0.08	
三	现浇钢筋	kg		33.11	
四	现浇混凝土	m³		0.25	

单位：m²

序号	指 标 编 号		1Z-002	
	项 目	单位	装配率30%（剪力墙结构）	
			金额	占指标基价比例（%）
	指 标 基 价	元	3 840.65	100
一	建筑工程费用	元	3 180.66	83
二	安装工程费用	元	0.00	0
三	设备购置费	元	0.00	0
四	工程建设其他费	元	477.10	12
五	基本预备费	元	182.89	5
建筑安装工程单方造价				
	项 目 名 称	单位	金额	占建安工程费比例（%）
一	人工费	元	606.30	19
二	材料费	元	1 666.83	52
三	机械费	元	61.30	2
四	综合费	元	583.61	18
五	税金	元	262.62	8
人工、主要材料单方用量				
	项 目 名 称	单位	单方用量	
一	人工	工日	5.16	
二	预制混凝土构件	m³	0.11	
三	现浇钢筋	kg	31.68	
四	现浇混凝土	m³	0.24	

单位：m²

序号	指标编号		1Z-003	
	项 目	单位	装配率50%（剪力墙结构）	
			金额	占指标基价比例（%）
	指 标 基 价	元	4 137.72	100
一	建筑工程费用	元	3 426.69	83
二	安装工程费用	元	0.00	0
三	设备购置费	元	0.00	0
四	工程建设其他费	元	514.00	12
五	基本预备费	元	197.03	5
建筑安装工程单方造价				
	项 目 名 称	单位	金额	占建安工程费比例（%）
一	人工费	元	579.28	17
二	材料费	元	1 866.53	54
三	机械费	元	69.19	2
四	综合费	元	628.75	18
五	税金	元	282.94	8
人工、主要材料单方用量				
	项 目 名 称	单位	单方用量	
一	人工	工日	4.93	
二	预制混凝土构件	m³	0.15	
三	现浇钢筋	kg	29.04	
四	现浇混凝土	m³	0.22	

单位:m²

序号	指标编号		1Z-004	
	项 目	单位	装配率60%（剪力墙结构）	
			金额	占指标基价比例（％）
	指 标 基 价	元	4 256.22	100
一	建筑工程费用	元	3 524.82	83
二	安装工程费用	元	0.00	0
三	设备购置费	元	0.00	0
四	工程建设其他费	元	528.72	12
五	基本预备费	元	202.68	5
建筑安装工程单方造价				
	项 目 名 称	单位	金额	占建安工程费比例（％）
一	人工费	元	562.83	16
二	材料费	元	1 952.45	55
三	机械费	元	71.74	2
四	综合费	元	646.76	18
五	税金	元	291.04	8
人工、主要材料单方用量				
	项 目 名 称	单位	单方用量	
一	人工	工日	4.79	
二	预制混凝土构件	m³	0.18	
三	现浇钢筋	kg	26.40	
四	现浇混凝土	m³	0.20	

单位：m²

序号	指标编号		1Z-005	
	项 目	单位	装配率70%（剪力墙结构）	
			金额	占指标基价比例（%）
	指 标 基 价	元	4 357.40	100
一	建筑工程费用	元	3 608.61	83
二	安装工程费用	元	0.00	0
三	设备购置费	元	0.00	0
四	工程建设其他费	元	541.29	12
五	基本预备费	元	207.50	5
建筑安装工程单方造价				
	项 目 名 称	单位	金额	占建安工程费比例（%）
一	人工费	元	562.83	16
二	材料费	元	2 012.81	56
三	机械费	元	72.88	2
四	综合费	元	662.13	18
五	税金	元	297.96	8
人工、主要材料单方用量				
	项 目 名 称	单位	单方用量	
一	人工	工日	4.79	
二	预制混凝土构件	m³	0.20	
三	现浇钢筋	kg	23.76	
四	现浇混凝土	m³	0.18	

（2）高层居住类

单位：m²

序号	指标编号			1Z-006	
	项　目	单位		装配率15%（框剪结构）	
				金额	占指标基价比例（%）
	指 标 基 价	元		3 972.09	100
一	建筑工程费用	元		3 289.51	83
二	安装工程费用	元		0.00	0
三	设备购置费	元		0.00	0
四	工程建设其他费	元		493.43	12
五	基本预备费	元		189.15	5
建筑安装工程单方造价					
	项 目 名 称	单位		金额	占建安工程费比例（%）
一	人工费	元		683.85	21
二	材料费	元		1 667.51	51
三	机械费	元		62.96	2
四	综合费	元		603.58	18
五	税金	元		271.61	8
人工、主要材料单方用量					
	项 目 名 称	单位		单方用量	
一	人工	工日		5.82	
二	预制混凝土构件	m³		0.09	
三	现浇钢筋	kg		36.45	
四	现浇混凝土	m³		0.27	

单位：m²

指标 编 号			1Z-007	
序号	项　目	单位	装配率30%（框剪结构）	
			金额	占指标基价比例（%）
	指 标 基 价	元	4 076.78	100
一	建筑工程费用	元	3 376.22	83
二	安装工程费用	元	0.00	0
三	设备购置费	元	0.00	0
四	工程建设其他费	元	506.43	12
五	基本预备费	元	194.13	5
建筑安装工程单方造价				
	项 目 名 称	单位	金额	占建安工程费比例（%）
一	人工费	元	663.88	20
二	材料费	元	1 750.85	52
三	机械费	元	63.23	2
四	综合费	元	619.49	18
五	税金	元	278.77	8
人工、主要材料单方用量				
	项 目 名 称	单位	单方用量	
一	人工	工日	5.65	
二	预制混凝土构件	m³	0.12	
三	现浇钢筋	kg	33.75	
四	现浇混凝土	m³	0.25	

单位：m²

序号	指标编号		1Z-008	
	项 目	单位	装配率50%（框剪结构）	
			金额	占指标基价比例（%）
	指 标 基 价	元	4 359.71	100
一	建筑工程费用	元	3 610.52	83
二	安装工程费用	元	0.00	0
三	设备购置费	元	0.00	0
四	工程建设其他费	元	541.58	12
五	基本预备费	元	207.61	5
建筑安装工程单方造价				
	项 目 名 称	单位	金额	占建安工程费比例（%）
一	人工费	元	653.30	18
二	材料费	元	1 922.99	53
三	机械费	元	73.63	2
四	综合费	元	662.48	18
五	税金	元	298.12	8
人工、主要材料单方用量				
	项 目 名 称	单位	单方用量	
一	人工	工日	5.56	
二	预制混凝土构件	m³	0.18	
三	现浇钢筋	kg	29.70	
四	现浇混凝土	m³	0.22	

单位：m²

序号	项 目	单位	指标编号	1Z-009
			装配率 60%（框剪结构）	
			金额	占指标基价比例（%）
	指 标 基 价	元	4 490.10	100
一	建筑工程费用	元	3 718.51	83
二	安装工程费用	元	0.00	0
三	设备购置费	元	0.00	0
四	工程建设其他费	元	557.78	12
五	基本预备费	元	213.81	5

建筑安装工程单方造价				
项 目 名 称	单位	金额	占建安工程费比例（%）	
一 人工费	元	647.43	17	
二 材料费	元	2 006.29	54	
三 机械费	元	75.46	2	
四 综合费	元	682.30	18	
五 税金	元	307.03	8	

人工、主要材料单方用量		
项 目 名 称	单位	单方用量
一 人工	工日	5.51
二 预制混凝土构件	m³	0.22
三 现浇钢筋	kg	24.30
四 现浇混凝土	m³	0.18

单位：m^2

序号	指标编号		1Z-010	
	项目	单位	装配率70%（框剪结构）	
			金额	占指标基价比例（%）
	指标基价	元	4 555.75	100
一	建筑工程费用	元	3 772.88	83
二	安装工程费用	元	0.00	0
三	设备购置费	元	0.00	0
四	工程建设其他费	元	565.93	12
五	基本预备费	元	216.94	5
建筑安装工程单方造价				
	项目名称	单位	金额	占建安工程费比例（%）
一	人工费	元	581.63	15
二	材料费	元	2 110.04	56
三	机械费	元	77.42	2
四	综合费	元	692.27	18
五	税金	元	311.52	8
人工、主要材料单方用量				
	项目名称	单位	单方用量	
一	人工	工日	4.95	
二	预制混凝土构件	m^3	0.24	
三	现浇钢筋	kg	21.60	
四	现浇混凝土	m^3	0.16	

单位：m²

序号	指标编号		1Z-011	
	项　目	单位	装配率15%（剪力墙结构）	
			金额	占指标基价比例（%）
	指标基价	元	4 083.82	100
一	建筑工程费用	元	3 382.04	83
二	安装工程费用	元	0.00	0
三	设备购置费	元	0.00	0
四	工程建设其他费	元	507.31	12
五	基本预备费	元	194.47	5
建筑安装工程单方造价				
	项目名称	单位	金额	占建安工程费比例（%）
一	人工费	元	705.00	21
二	材料费	元	1 695.83	50
三	机械费	元	81.40	2
四	综合费	元	620.56	18
五	税金	元	279.25	8
人工、主要材料单方用量				
	项目名称	单位	单方用量	
一	人工	工日	6.00	
二	预制混凝土构件	m³	0.09	
三	现浇钢筋	kg	40.60	
四	现浇混凝土	m³	0.29	

单位：m²

序号	指标编号		1Z-012	
	项　目	单位	装配率30%（剪力墙结构）	
			金额	占指标基价比例（%）
	指 标 基 价	元	4 186.80	100
一	建筑工程费用	元	3 467.33	83
二	安装工程费用	元	0.00	0
三	设备购置费	元	0.00	0
四	工程建设其他费	元	520.10	12
五	基本预备费	元	199.37	5
建筑安装工程单方造价				
	项 目 名 称	单位	金额	占建安工程费比例（%）
一	人工费	元	702.65	20
二	材料费	元	1 759.67	51
三	机械费	元	82.51	2
四	综合费	元	636.21	18
五	税金	元	286.29	8
人工、主要材料单方用量				
	项 目 名 称	单位	单方用量	
一	人工	工日	5.98	
二	预制混凝土构件	m³	0.12	
三	现浇钢筋	kg	37.80	
四	现浇混凝土	m³	0.27	

单位：m²

序号	项 目	单位	指 标 编 号	1Z-013
			装配率50%（剪力墙结构）	
			金额	占指标基价比例（%）
	指 标 基 价	元	4 551.38	100
一	建筑工程费用	元	3 769.26	83
二	安装工程费用	元	0.00	0
三	设备购置费	元	0.00	0
四	工程建设其他费	元	565.39	12
五	基本预备费	元	216.73	5

建筑安装工程单方造价

项 目 名 称	单位	金额	占建安工程费比例（%）
一 人工费	元	683.85	18
二 材料费	元	1 988.32	53
三 机械费	元	94.26	3
四 综合费	元	691.61	18
五 税金	元	311.22	8

人工、主要材料单方用量

项 目 名 称	单位	单方用量
一 人工	工日	5.82
二 预制混凝土构件	m³	0.18
三 现浇钢筋	kg	36.40
四 现浇混凝土	m³	0.26

单位:m²

序号	指 标 编 号		1Z-014	
	项 目	单位	装配率60%(剪力墙结构)	
			金额	占指标基价比例(%)
	指 标 基 价	元	4 692.66	100
一	建筑工程费用	元	3 886.26	83
二	安装工程费用	元	0.00	0
三	设备购置费	元	0.00	0
四	工程建设其他费	元	582.94	12
五	基本预备费	元	223.46	5
建筑安装工程单方造价				
	项 目 名 称	单位	金额	占建安工程费比例(%)
一	人工费	元	678.15	17
二	材料费	元	2 075.80	53
三	机械费	元	97.35	3
四	综合费	元	712.97	18
五	税金	元	320.84	8
人工、主要材料单方用量				
	项 目 名 称	单位	单方用量	
一	人工	工日	5.78	
二	预制混凝土构件	m³	0.21	
三	现浇钢筋	kg	33.60	
四	现浇混凝土	m³	0.24	

单位:m²

序号	指 标 编 号		1Z-015	
	项 目	单位	装配率70%(剪力墙结构)	
			金额	占指标基价比例(%)
	指 标 基 价	元	4 803.06	100
一	建筑工程费用	元	3 977.69	83
二	安装工程费用	元	0.00	0
三	设备购置费	元	0.00	0
四	工程建设其他费	元	596.65	12
五	基本预备费	元	228.72	5

建筑安装工程单方造价

项 目 名 称	单位	金额	占建安工程费比例(%)
一 人工费	元	670.93	17
二 材料费	元	2 148.39	54
三 机械费	元	100.09	3
四 综合费	元	729.85	18
五 税金	元	328.43	8

人工、主要材料单方用量

项 目 名 称	单位	单方用量
一 人工	工日	5.71
二 预制混凝土构件	m³	0.24
三 现浇钢筋	kg	29.40
四 现浇混凝土	m³	0.21

（3）超高层居住类

单位：m²

序号	指标编号		1Z-016	
	项　目	单位	装配率15%（剪力墙结构）	
			金额	占指标基价比例（%）
	指标基价	元	4 534.64	100
一	建筑工程费用	元	3 755.39	83
二	安装工程费用	元	0.00	0
三	设备购置费	元	0.00	0
四	工程建设其他费	元	563.31	12
五	基本预备费	元	215.94	5
建筑安装工程单方造价				
	项目名称	单位	金额	占建安工程费比例（%）
一	人工费	元	878.90	23
二	材料费	元	1 769.80	47
三	机械费	元	107.55	3
四	综合费	元	689.06	18
五	税金	元	310.08	8
人工、主要材料单方用量				
	项目名称	单位	单方用量	
一	人工	工日	7.48	
二	预制混凝土构件	m³	0.09	
三	现浇钢筋	kg	43.50	
四	现浇混凝土	m³	0.29	

单位：m²

指标编号			1Z-017	
序号	项 目	单位	装配率30%（剪力墙结构）	
			金额	占指标基价比例（%）
	指 标 基 价	元	4 625.29	100
一	建筑工程费用	元	3 830.47	83
二	安装工程费用	元	0.00	0
三	设备购置费	元	0.00	0
四	工程建设其他费	元	574.57	12
五	基本预备费	元	220.25	5
建筑安装工程单方造价				
	项 目 名 称	单位	金额	占建安工程费比例（%）
一	人工费	元	875.38	23
二	材料费	元	1 827.90	48
三	机械费	元	108.07	3
四	综合费	元	702.84	18
五	税金	元	316.28	8
人工、主要材料单方用量				
	项 目 名 称	单位	单方用量	
一	人工	工日	7.45	
二	预制混凝土构件	m³	0.12	
三	现浇钢筋	kg	42.00	
四	现浇混凝土	m³	0.28	

单位：m²

序号		指 标 编 号		1Z-018	
	项 目		单位	装配率50%（剪力墙结构）	
				金额	占指标基价比例（%）
	指 标 基 价		元	5 012.43	100
一	建筑工程费用		元	4 150.08	83
二	安装工程费用		元	0.00	0
三	设备购置费		元	0.00	0
四	工程建设其他费		元	622.66	12
五	基本预备费		元	238.69	5
建筑安装工程单方造价					
	项 目 名 称		单位	金额	占建安工程费比例（%）
一	人工费		元	848.35	20
二	材料费		元	2 075.84	50
三	机械费		元	122.47	3
四	综合费		元	761.67	18
五	税金		元	342.75	8
人工、主要材料单方用量					
	项 目 名 称		单位	单方用量	
一	人工		工日	7.22	
二	预制混凝土构件		m³	0.18	
三	现浇钢筋		kg	40.50	
四	现浇混凝土		m³	0.27	

单位：m²

序号	项 目	单位	指 标 编 号	1Z-019	
				装配率60%（剪力墙结构）	
			金额	占指标基价比例（%）	
	指 标 基 价	元	5 135.57	100	
一	建筑工程费用	元	4 253.06	83	
二	安装工程费用	元	0.00	0	
三	设备购置费	元	0.00	0	
四	工程建设其他费	元	637.96	12	
五	基本预备费	元	244.55	5	

建筑安装工程单方造价

	项 目 名 称	单位	金额	占建安工程费比例（%）
一	人工费	元	837.78	20
二	材料费	元	2 156.51	51
三	机械费	元	127.22	3
四	综合费	元	780.38	18
五	税金	元	351.17	8

人工、主要材料单方用量

	项 目 名 称	单位	单方用量
一	人工	工日	7.13
二	预制混凝土构件	m³	0.21
三	现浇钢筋	kg	34.50
四	现浇混凝土	m³	0.23

单位：m²

序号	指标编号		1Z-020	
	项目	单位	装配率70%（剪力墙结构）	
			金额	占指标基价比例（%）
	指标基价	元	5 254.17	100
一	建筑工程费用	元	4 351.28	83
二	安装工程费用	元	0.00	0
三	设备购置费	元	0.00	0
四	工程建设其他费	元	652.69	12
五	基本预备费	元	250.20	5
建筑安装工程单方造价				
	项目名称	单位	金额	占建安工程费比例（%）
一	人工费	元	824.85	19
二	材料费	元	2 236.89	51
三	机械费	元	131.86	3
四	综合费	元	798.40	18
五	税金	元	359.28	8
人工、主要材料单方用量				
	项目名称	单位	单方用量	
一	人工	工日	7.02	
二	预制混凝土构件	m³	0.24	
三	现浇钢筋	kg	30.00	
四	现浇混凝土	m³	0.20	

2. 公共建筑类

（1）低层或多层公共类

单位：m²

序号	项　目	单位	指　标　编　号	1Z-021
			装配率15%（框架结构）	
			金额	占指标基价比例（%）
	指　标　基　价	元	5 348.39	100
一	建筑工程费用	元	4 429.30	83
二	安装工程费用	元	0.00	0
三	设备购置费	元	0.00	0
四	工程建设其他费	元	664.40	12
五	基本预备费	元	254.69	5

建筑安装工程单方造价			
项　目　名　称	单位	金额	占建安工程费比例（%）
一　人工费	元	820.15	19
二　材料费	元	2 346.95	53
三　机械费	元	83.76	2
四　综合费	元	812.72	18
五　税金	元	365.72	8

人工、主要材料单方用量		
项　目　名　称	单位	单方用量
一　人工	工日	6.98
二　预制混凝土构件	m³	0.15
三　现浇钢筋	kg	61.20
四　现浇混凝土	m³	0.36

单位：m²

序号	指标编号		1Z-022	
	项　　目	单位	装配率 30%（框架结构）	
			金额	占指标基价比例（%）
	指标基价	元	5 496.75	100
一	建筑工程费用	元	4 552.17	83
二	安装工程费用	元	0.00	0
三	设备购置费	元	0.00	0
四	工程建设其他费	元	682.83	12
五	基本预备费	元	261.75	5
建筑安装工程单方造价				
	项目名称	单位	金额	占建安工程费比例（%）
一	人工费	元	816.63	18
二	材料费	元	2 439.73	54
三	机械费	元	84.68	2
四	综合费	元	835.26	18
五	税金	元	375.87	8
人工、主要材料单方用量				
	项目名称	单位	单方用量	
一	人工	工日	6.95	
二	预制混凝土构件	m³	0.21	
三	现浇钢筋	kg	56.10	
四	现浇混凝土	m³	0.33	

单位：m²

序号	项　　目	单位	指　标　编　号	1Z-023	
			装配率50%（框架结构）		
			金额	占指标基价比例（%）	
	指　标　基　价	元	5 794.77	100	
一	建筑工程费用	元	4 798.98	83	
二	安装工程费用	元	0.00	0	
三	设备购置费	元	0.00	0	
四	工程建设其他费	元	719.85	12	
五	基本预备费	元	275.94	5	
建筑安装工程单方造价					
	项 目 名 称	单位	金额	占建安工程费比例（%）	
一	人工费	元	759.05	16	
二	材料费	元	2 670.40	56	
三	机械费	元	92.73	2	
四	综合费	元	880.55	18	
五	税金	元	396.25	8	
人工、主要材料单方用量					
	项 目 名 称	单位	单方用量		
一	人工	工日	6.46		
二	预制混凝土构件	m³	0.25		
三	现浇钢筋	kg	45.90		
四	现浇混凝土	m³	0.27		

单位：m^2

序号	指 标 编 号		1Z-024	
	项　　目	单位	装配率60%（框架结构）	
			金额	占指标基价比例（%）
	指 标 基 价	元	5 949.09	100
一	建筑工程费用	元	4 926.78	83
二	安装工程费用	元	0.00	0
三	设备购置费	元	0.00	0
四	工程建设其他费	元	739.02	12
五	基本预备费	元	283.29	5
建筑安装工程单方造价				
	项 目 名 称	单位	金额	占建安工程费比例（%）
一	人工费	元	754.35	15
二	材料费	元	2 768.62	56
三	机械费	元	93.01	2
四	综合费	元	904.00	18
五	税金	元	406.80	8
人工、主要材料单方用量				
	项 目 名 称	单位	单方用量	
一	人工	工日	6.42	
二	预制混凝土构件	m^3	0.28	
三	现浇钢筋	kg	42.50	
四	现浇混凝土	m^3	0.25	

单位：m²

指 标 编 号			1Z-025	
序号	项　　目	单位	装配率70%（框架结构）	
			金额	占指标基价比例（%）
	指 标 基 价	元	6 031.63	100
一	建筑工程费用	元	4 995.14	83
二	安装工程费用	元	0.00	0
三	设备购置费	元	0.00	0
四	工程建设其他费	元	749.27	12
五	基本预备费	元	287.22	5
建筑安装工程单方造价				
	项 目 名 称	单位	金额	占建安工程费比例（%）
一	人工费	元	749.65	15
二	材料费	元	2 822.34	57
三	机械费	元	94.17	2
四	综合费	元	916.54	18
五	税金	元	412.44	8
人工、主要材料单方用量				
	项 目 名 称	单位	单方用量	
一	人工	工日	6.38	
二	预制混凝土构件	m³	0.30	
三	现浇钢筋	kg	42.50	
四	现浇混凝土	m³	0.25	

（2）高层公共类

单位：m²

序号	指标编号		1Z-026	
	项　目	单位	装配率15%（框剪结构）	
			金额	占指标基价比例（%）
	指　标　基　价	元	5 645.54	100
一	建筑工程费用	元	4 675.39	83
二	安装工程费用	元	0.00	0
三	设备购置费	元	0.00	0
四	工程建设其他费	元	701.31	12
五	基本预备费	元	268.84	5
建筑安装工程单方造价				
	项　目　名　称	单位	金额	占建安工程费比例（%）
一	人工费	元	912.98	20
二	材料费	元	2 430.93	52
三	机械费	元	87.57	2
四	综合费	元	857.87	18
五	税金	元	386.04	8
人工、主要材料单方用量				
	项　目　名　称	单位	单方用量	
一	人工	工日	7.77	
二	预制混凝土构件	m³	0.16	
三	现浇钢筋	kg	73.80	
四	现浇混凝土	m³	0.41	

单位：m²

序号	指 标 编 号			1Z-027	
	项　　目	单位		装配率 30%（框剪结构）	
				金额	占指标基价比例（%）
	指 标 基 价	元		5 759.43	100
一	建筑工程费用	元		4 769.71	83
二	安装工程费用	元		0.00	0
三	设备购置费	元		0.00	0
四	工程建设其他费	元		715.46	12
五	基本预备费	元		274.26	5
建筑安装工程单方造价					
	项 目 名 称	单位		金额	占建安工程费比例（%）
一	人工费	元		883.60	19
二	材料费	元		2 524.65	53
三	机械费	元		92.45	2
四	综合费	元		875.18	18
五	税金	元		393.83	8
人工、主要材料单方用量					
	项 目 名 称	单位		单方用量	
一	人工	工日		7.52	
二	预制混凝土构件	m³		0.20	
三	现浇钢筋	kg		66.60	
四	现浇混凝土	m³		0.36	

单位：m²

序号	指标编号		1Z-028	
	项　目	单位	装配率50%（框剪结构）	
			金额	占指标基价比例（%）
	指 标 基 价	元	6 031.43	100
一	建筑工程费用	元	4 994.97	83
二	安装工程费用	元	0.00	0
三	设备购置费	元	0.00	0
四	工程建设其他费	元	749.25	12
五	基本预备费	元	287.21	5
建筑安装工程单方造价				
	项 目 名 称	单位	金额	占建安工程费比例（%）
一	人工费	元	865.98	17
二	材料费	元	2 700.94	54
三	机械费	元	99.11	2
四	综合费	元	916.51	18
五	税金	元	412.43	8
人工、主要材料单方用量				
	项 目 名 称	单位	单方用量	
一	人工	工日	7.37	
二	预制混凝土构件	m³	0.26	
三	现浇钢筋	kg	59.40	
四	现浇混凝土	m³	0.33	

单位:m²

序号	指标编号		1Z-029	
	项 目	单位	装配率 60%(框剪结构)	
			金额	占指标基价比例(%)
	指 标 基 价	元	6 159.15	100
一	建筑工程费用	元	5 100.75	83
二	安装工程费用	元	0.00	0
三	设备购置费	元	0.00	0
四	工程建设其他费	元	765.11	12
五	基本预备费	元	293.29	5
建筑安装工程单方造价				
	项 目 名 称	单位	金额	占建安工程费比例(%)
一	人工费	元	855.40	17
二	材料费	元	2 787.01	55
三	机械费	元	101.26	2
四	综合费	元	935.92	18
五	税金	元	421.16	8
人工、主要材料单方用量				
	项 目 名 称	单位	单方用量	
一	人工	工日	7.28	
二	预制混凝土构件	m³	0.28	
三	现浇钢筋	kg	55.80	
四	现浇混凝土	m³	0.31	

单位：m²

序号	指标编号		1Z-030	
	项 目	单位	装配率70%（框剪结构）	
			金额	占指标基价比例（%）
	指 标 基 价	元	6 192.19	100
一	建筑工程费用	元	5 128.10	83
二	安装工程费用	元	0.00	0
三	设备购置费	元	0.00	0
四	工程建设其他费	元	769.22	12
五	基本预备费	元	294.87	5
建筑安装工程单方造价				
	项 目 名 称	单位	金额	占建安工程费比例（%）
一	人工费	元	841.30	16
二	材料费	元	2 819.30	55
三	机械费	元	103.14	2
四	综合费	元	940.94	18
五	税金	元	423.42	8
人工、主要材料单方用量				
	项 目 名 称	单位	单方用量	
一	人工	工日	7.16	
二	预制混凝土构件	m³	0.30	
三	现浇钢筋	kg	52.20	
四	现浇混凝土	m³	0.29	

单位：m²

序号	指标编号		1Z-031	
	项　目	单位	装配率15%（框架结构）	
			金额	占指标基价比例（%）
	指标基价	元	5 531.31	100
一	建筑工程费用	元	4 580.79	83
二	安装工程费用	元	0.00	0
三	设备购置费	元	0.00	0
四	工程建设其他费	元	687.12	12
五	基本预备费	元	263.40	5
建筑安装工程单方造价				
	项目名称	单位	金额	占建安工程费比例（%）
一	人工费	元	902.40	20
二	材料费	元	2 373.48	52
三	机械费	元	86.17	2
四	综合费	元	840.51	18
五	税金	元	378.23	8
人工、主要材料单方用量				
	项目名称	单位	单方用量	
一	人工	工日	7.68	
二	预制混凝土构件	m³	0.15	
三	现浇钢筋	kg	70.00	
四	现浇混凝土	m³	0.40	

单位：m²

序号	指 标 编 号		1Z-032	
	项　目	单位	装配率30%（框架结构）	
			金额	占指标基价比例（%）
	指 标 基 价	元	5 639.27	100
一	建筑工程费用	元	4 670.20	83
二	安装工程费用	元	0.00	0
三	设备购置费	元	0.00	0
四	工程建设其他费	元	700.53	12
五	基本预备费	元	268.54	5
建筑安装工程单方造价				
	项 目 名 称	单位	金额	占建安工程费比例（%）
一	人工费	元	890.65	19
二	材料费	元	2 448.85	52
三	机械费	元	88.17	2
四	综合费	元	856.92	18
五	税金	元	385.61	8
人工、主要材料单方用量				
	项 目 名 称	单位	单方用量	
一	人工	工日	7.58	
二	预制混凝土构件	m³	0.19	
三	现浇钢筋	kg	61.25	
四	现浇混凝土	m³	0.35	

单位: m²

序号	项 目	单位	指 标 编 号	1Z-033
			装配率50%（框架结构）	
			金额	占指标基价比例（%）
	指 标 基 价	元	5 919.05	100
一	建筑工程费用	元	4 901.90	83
二	安装工程费用	元	0.00	0
三	设备购置费	元	0.00	0
四	工程建设其他费	元	735.29	12
五	基本预备费	元	281.86	5

建筑安装工程单方造价

序号	项 目 名 称	单位	金额	占建安工程费比例（%）
一	人工费	元	860.10	18
二	材料费	元	2 639.79	54
三	机械费	元	97.84	2
四	综合费	元	899.43	18
五	税金	元	404.74	8

人工、主要材料单方用量

序号	项 目 名 称	单位	单方用量
一	人工	工日	7.32
二	预制混凝土构件	m³	0.24
三	现浇钢筋	kg	56.00
四	现浇混凝土	m³	0.32

单位：m²

序号	项　目	单位	指　标　编　号	1Z-034
			装配率60%（框架结构）	
			金额	占指标基价比例（%）
	指　标　基　价	元	6 045.77	100
一	建筑工程费用	元	5 006.85	83
二	安装工程费用	元	0.00	0
三	设备购置费	元	0.00	0
四	工程建设其他费	元	751.03	12
五	基本预备费	元	287.89	5

建筑安装工程单方造价

序号	项　目　名　称	单位	金额	占建安工程费比例（%）
一	人工费	元	857.75	17
二	材料费	元	2 716.97	54
三	机械费	元	100.03	2
四	综合费	元	918.62	18
五	税金	元	413.38	8

人工、主要材料单方用量

序号	项　目　名　称	单位	单方用量
一	人工	工日	7.30
二	预制混凝土构件	m³	0.26
三	现浇钢筋	kg	52.50
四	现浇混凝土	m³	0.26

单位：m²

序号	指标编号		1Z-035	
	项　　　目	单位	装配率70%（框架结构）	
			金额	占指标基价比例（%）
	指　标　基　价	元	6 121.32	100
一	建筑工程费用	元	5 069.42	83
二	安装工程费用	元	0.00	0
三	设备购置费	元	0.00	0
四	工程建设其他费	元	760.41	12
五	基本预备费	元	291.49	5
建筑安装工程单方造价				
	项 目 名 称	单位	金额	占建安工程费比例（%）
一	人工费	元	853.05	17
二	材料费	元	2 765.81	55
三	机械费	元	101.81	2
四	综合费	元	930.17	18
五	税金	元	418.58	8
人工、主要材料单方用量				
	项 目 名 称	单位		单方用量
一	人工	工日		7.26
二	预制混凝土构件	m³		0.28
三	现浇钢筋	kg		49.00
四	现浇混凝土	m³		0.28

二、装配式钢结构工程投资估算综合指标

1. 居住建筑类

（1）低层或多层（$H \leqslant 27\text{m}$）

单位：m^2

序号	指标编号		2Z-001	
	项 目	单位	装配率30%（轻型钢结构）	
			金额	占指标基价比例（%）
	指 标 基 价	元	3 321.18	100
一	建筑工程费用	元	2 750.46	83
二	安装工程费用	元	0.00	0
三	设备购置费	元	0.00	0
四	工程建设其他费	元	412.57	12
五	基本预备费	元	158.15	5
建筑安装工程单方造价				
	项 目 名 称	单位	金额	占建安工程费比例（%）
一	人工费	元	561.65	20
二	材料费	元	1 333.09	48
三	机械费	元	123.95	5
四	综合费	元	504.67	18
五	税金	元	227.10	8
人工、主要材料单方用量				
	项 目 名 称	单位	单方用量	
一	人工	工日	4.78	
二	钢构件	kg	37.00	
三	钢筋	kg	9.70	
四	混凝土	m^3	0.11	

单位：m²

序号	指标编号		2Z-002	
	项 目	单位	装配率50%（轻型钢结构）	
			金额	占指标基价比例（%）
	指 标 基 价	元	3 546.91	100
一	建筑工程费用	元	2 937.40	83
二	安装工程费用	元	0.00	0
三	设备购置费	元	0.00	0
四	工程建设其他费	元	440.61	12
五	基本预备费	元	168.90	5
建筑安装工程单方造价				
	项 目 名 称	单位	金额	占建安工程费比例（%）
一	人工费	元	551.08	19
二	材料费	元	1 478.77	50
三	机械费	元	126.04	4
四	综合费	元	538.97	18
五	税金	元	242.54	8
人工、主要材料单方用量				
	项 目 名 称	单位	单方用量	
一	人工	工日	4.69	
二	钢构件	kg	37.00	
三	钢筋	kg	9.70	
四	混凝土	m³	0.11	

单位：m²

序号	指标编号		2Z-003	
	项　目	单位	装配率60%（轻型钢结构）	
			金额	占指标基价比例（%）
	指标基价	元	3 753.57	100
一	建筑工程费用	元	3 108.55	83
二	安装工程费用	元	0.00	0
三	设备购置费	元	0.00	0
四	工程建设其他费	元	466.28	12
五	基本预备费	元	178.74	5
建筑安装工程单方造价				
	项　目　名　称	单位	金额	占建安工程费比例（%）
一	人工费	元	546.38	18
二	材料费	元	1 570.13	51
三	机械费	元	164.99	5
四	综合费	元	570.38	18
五	税金	元	256.67	8
人工、主要材料单方用量				
	项　目　名　称	单位	单方用量	
一	人工	工日	4.65	
二	钢构件	kg	37.00	
三	钢筋	kg	2.91	
四	混凝土	m³	0.11	
五	楼承板	m²	0.67	

单位：m²

序号	指标编号		2Z-004	
	项 目	单位	装配率75%（轻型钢结构）	
			金额	占指标基价比例（%）
	指 标 基 价	元	3 815.97	100
一	建筑工程费用	元	3 160.23	83
二	安装工程费用	元	0.00	0
三	设备购置费	元	0.00	0
四	工程建设其他费	元	474.03	12
五	基本预备费	元	181.71	5
建筑安装工程单方造价				
	项 目 名 称	单位	金额	占建安工程费比例（%）
一	人工费	元	535.80	17
二	材料费	元	1 598.41	51
三	机械费	元	185.22	6
四	综合费	元	579.86	18
五	税金	元	260.94	8
人工、主要材料单方用量				
	项 目 名 称	单位	单方用量	
一	人工	工日	4.56	
二	钢构件	kg	37.00	
三	楼承板	m²	0.95	

单位: m²

序号	项 目	单位	指 标 编 号	2Z-005
			装配率90%（轻型钢结构）	
			金额	占指标基价比例（%）
	指 标 基 价	元	3 997.82	100
一	建筑工程费用	元	3 310.83	83
二	安装工程费用	元	0.00	0
三	设备购置费	元	0.00	0
四	工程建设其他费	元	496.62	12
五	基本预备费	元	190.37	5

建筑安装工程单方造价

	项 目 名 称	单位	金额	占建安工程费比例（%）
一	人工费	元	474.70	14
二	材料费	元	1 749.44	53
三	机械费	元	205.83	6
四	综合费	元	607.49	18
五	税金	元	273.37	8

人工、主要材料单方用量

	项 目 名 称	单位	单方用量
一	人工	工日	4.04
二	钢构件	kg	37.00
三	楼承板	m²	0.95

单位:m²

序号	项 目	单位	指标编号	
			2Z-006	
			装配率90%以上(轻型钢结构)	
			金额	占指标基价比例(%)
	指 标 基 价	元	4 178.52	100
一	建筑工程费用	元	3 460.47	83
二	安装工程费用	元	0.00	0
三	设备购置费	元	0.00	0
四	工程建设其他费	元	519.07	12
五	基本预备费	元	198.98	5

建筑安装工程单方造价

	项 目 名 称	单位	金额	占建安工程费比例(%)
一	人工费	元	435.93	13
二	材料费	元	1 882.92	54
三	机械费	元	220.94	6
四	综合费	元	634.95	18
五	税金	元	285.73	8

人工、主要材料单方用量

	项 目 名 称	单位	单方用量
一	人工	工日	3.71
二	钢构件	kg	37.00
三	楼承板	m²	0.95

单位：m²

序号	指 标 编 号		2Z-007	
	项 目	单位	装配率30%（钢框架结构）	
			金额	占指标基价比例（%）
	指 标 基 价	元	4 071.63	100
一	建筑工程费用	元	3 371.95	83
二	安装工程费用	元	0.00	0
三	设备购置费	元	0.00	0
四	工程建设其他费	元	505.79	12
五	基本预备费	元	193.89	5
建筑安装工程单方造价				
	项 目 名 称	单位	金额	占建安工程费比例（%）
一	人工费	元	636.85	19
二	材料费	元	1 731.62	51
三	机械费	元	106.35	3
四	综合费	元	618.71	18
五	税金	元	278.42	8
人工、主要材料单方用量				
	项 目 名 称	单位	单方用量	
一	人工	工日	5.42	
二	钢构件	kg	53.77	
三	防火涂料	kg	17.08	
四	钢筋	kg	18.48	
五	混凝土	m³	0.18	

单位:m²

序号	指标编号		2Z-008	
	项 目	单位	装配率50%(钢框架结构)	
			金额	占指标基价比例（%）
	指 标 基 价	元	4 230.27	100
一	建筑工程费用	元	3 503.33	83
二	安装工程费用	元	0.00	0
三	设备购置费	元	0.00	0
四	工程建设其他费	元	525.50	12
五	基本预备费	元	201.44	5
建筑安装工程单方造价				
	项 目 名 称	单位	金额	占建安工程费比例（%）
一	人工费	元	633.33	18
二	材料费	元	1 828.52	52
三	机械费	元	109.40	3
四	综合费	元	642.81	18
五	税金	元	289.27	8
人工、主要材料单方用量				
	项 目 名 称	单位	单方用量	
一	人工	工日	5.39	
二	钢构件	kg	53.77	
三	防火涂料	kg	17.08	
四	钢筋	kg	21.07	
五	混凝土	m³	0.18	

单位：m²

序号	项　目	单位	指标编号	2Z-009	
				装配率60%（钢框架结构）	
				金额	占指标基价比例（%）
	指　标　基　价	元		4 612.84	100
一	建筑工程费用	元		3 820.16	83
二	安装工程费用	元		0.00	0
三	设备购置费	元		0.00	0
四	工程建设其他费	元		573.02	12
五	基本预备费	元		219.66	5
建筑安装工程单方造价					
	项　目　名　称	单位		金额	占建安工程费比例（%）
一	人工费	元		629.80	17
二	材料费	元		2 061.83	54
三	机械费	元		112.15	3
四	综合费	元		700.95	18
五	税金	元		315.43	8
人工、主要材料单方用量					
	项　目　名　称	单位		单方用量	
一	人工	工日		5.36	
二	钢构件	kg		53.77	
三	防火涂料	kg		17.08	
四	钢筋	kg		21.07	
五	混凝土	m³		0.18	
六	楼承板	m²		0.77	

单位:m²

序号	指 标 编 号		2Z-010	
	项 目	单位	装配率 75%（钢框架结构）	
			金额	占指标基价比例（%）
	指 标 基 价	元	4 622.97	100
一	建筑工程费用	元	3 828.55	83
二	安装工程费用	元	0.00	0
三	设备购置费	元	0.00	0
四	工程建设其他费	元	574.28	12
五	基本预备费	元	220.14	5
建筑安装工程单方造价				
项 目 名 称		单位	金额	占建安工程费比例（%）
一	人工费	元	625.10	16
二	材料费	元	2 072.58	54
三	机械费	元	112.26	3
四	综合费	元	702.49	18
五	税金	元	316.12	8
人工、主要材料单方用量				
项 目 名 称		单位	单方用量	
一	人工	工日	5.32	
二	钢构件	kg	53.77	
三	防火涂料	kg	17.08	
四	钢筋	kg	18.63	
五	混凝土	m³	0.18	
六	楼承板	m²	0.84	

单位：m²

序号	指 标 编 号		2Z-011	
	项　目	单位	装配率90%（钢框架结构）	
			金额	占指标基价比例（%）
	指 标 基 价	元	4 804.82	100
一	建筑工程费用	元	3 979.15	83
二	安装工程费用	元	0.00	0
三	设备购置费	元	0.00	0
四	工程建设其他费	元	596.87	12
五	基本预备费	元	228.81	5
建筑安装工程单方造价				
	项 目 名 称	单位	金额	占建安工程费比例（%）
一	人工费	元	564.00	14
二	材料费	元	2 223.61	56
三	机械费	元	132.87	3
四	综合费	元	730.12	18
五	税金	元	328.55	8
人工、主要材料单方用量				
	项 目 名 称	单位	单方用量	
一	人工	工日	4.80	
二	钢构件	kg	53.77	
三	防火涂料	kg	17.08	
四	钢筋	kg	18.63	
五	混凝土	m³	0.18	
六	楼承板	m²	0.84	

单位：m²

序号	指 标 编 号		2Z-012	
	项 目	单位	装配率90%以上（钢框架结构）	
			金额	占指标基价比例（%）
	指 标 基 价	元	4 985.52	100
一	建筑工程费用	元	4 128.79	83
二	安装工程费用	元	0.00	0
三	设备购置费	元	0.00	0
四	工程建设其他费	元	619.32	12
五	基本预备费	元	237.41	5
建筑安装工程单方造价				
	项 目 名 称	单位	金额	占建安工程费比例（%）
一	人工费	元	525.23	13
二	材料费	元	2 357.09	57
三	机械费	元	147.98	4
四	综合费	元	757.58	18
五	税金	元	340.91	8
人工、主要材料单方用量				
	项 目 名 称	单位	单方用量	
一	人工	工日	4.47	
二	钢构件	kg	53.77	
三	防火涂料	kg	17.08	
四	钢筋	kg	18.63	
五	混凝土	m³	0.18	
六	楼承板	m²	0.84	

（2）高层居住类

单位：m²

序号	指标编号		2Z-013	
	项　目	单位	装配率30%（钢框架－支撑结构）	
			金额	占指标基价比例（%）
	指 标 基 价	元	4 560.40	100
一	建筑工程费用	元	3 776.73	83
二	安装工程费用	元	0.00	0
三	设备购置费	元	0.00	0
四	工程建设其他费	元	566.51	12
五	基本预备费	元	217.16	5
建筑安装工程单方造价				
	项 目 名 称	单位	金额	占建安工程费比例（%）
一	人工费	元	603.95	16
二	材料费	元	2 093.93	55
三	机械费	元	74.03	2
四	综合费	元	692.98	18
五	税金	元	311.81	8
人工、主要材料单方用量				
	项 目 名 称	单位	单方用量	
一	人工	工日	5.14	
二	钢构件	kg	104.95	
三	防火涂料	kg	21.42	
四	钢筋	kg	15.68	
五	混凝土	m³	0.22	

单位：m²

序号	指 标 编 号		2Z-014	
	项 目	单位	装配率50%（钢框架－支撑结构）	
			金额	占指标基价比例（%）
	指 标 基 价	元	4 683.42	100
一	建筑工程费用	元	3 878.61	83
二	安装工程费用	元	0.00	0
三	设备购置费	元	0.00	0
四	工程建设其他费	元	581.79	12
五	基本预备费	元	223.02	5
建筑安装工程单方造价				
	项 目 名 称	单位	金额	占建安工程费比例（%）
一	人工费	元	599.25	15
二	材料费	元	2 171.91	56
三	机械费	元	75.53	2
四	综合费	元	711.67	18
五	税金	元	320.25	8
人工、主要材料单方用量				
	项 目 名 称	单位	单方用量	
一	人工	工日	5.10	
二	钢构件	kg	104.95	
三	防火涂料	kg	21.42	
四	钢筋	kg	15.68	
五	混凝土	m³	0.22	

单位：m²

序号	项 目	单位	指 标 编 号	2Z-015
			装配率60%（钢框架－支撑结构）	
			金额	占指标基价比例（%）
	指 标 基 价	元	4 758.21	100
一	建筑工程费用	元	3 940.55	83
二	安装工程费用	元	0.00	0
三	设备购置费	元	0.00	0
四	工程建设其他费	元	591.08	12
五	基本预备费	元	226.58	5
建筑安装工程单方造价				
	项 目 名 称	单位	金额	占建安工程费比例（%）
一	人工费	元	591.03	15
二	材料费	元	2 196.76	56
三	机械费	元	104.35	3
四	综合费	元	722.04	18
五	税金	元	325.37	8
人工、主要材料单方用量				
	项 目 名 称	单位	单方用量	
一	人工	工日	5.03	
二	钢构件	kg	104.95	
三	防火涂料	kg	21.42	
四	钢筋	kg	10.84	
五	混凝土	m³	0.22	
六	楼承板	m²	0.48	

单位：m²

序号	指标编号		2Z-016	
	项 目	单位	装配率75%（钢框架 - 支撑结构）	
			金额	占指标基价比例（%）
	指 标 基 价	元	4 816.85	100
一	建筑工程费用	元	3 989.11	83
二	安装工程费用	元	0.00	0
三	设备购置费	元	0.00	0
四	工程建设其他费	元	598.37	12
五	基本预备费	元	229.37	5
建筑安装工程单方造价				
	项 目 名 称	单位	金额	占建安工程费比例（%）
一	人工费	元	585.15	15
二	材料费	元	2 237.12	56
三	机械费	元	105.51	3
四	综合费	元	731.95	18
五	税金	元	329.38	8
人工、主要材料单方用量				
	项 目 名 称	单位	单方用量	
一	人工	工日	4.98	
二	钢构件	kg	104.95	
三	防火涂料	kg	21.42	
四	钢筋	kg	10.85	
五	混凝土	m³	0.22	
六	楼承板	m²	0.95	

单位：m²

序号	指标 编 号		2Z-017	
	项　目	单位	装配率 90%（钢框架 – 支撑结构）	
			金额	占指标基价比例（%）
	指 标 基 价	元	4 998.70	100
一	建筑工程费用	元	4 139.71	83
二	安装工程费用	元	0.00	0
三	设备购置费	元	0.00	0
四	工程建设其他费	元	620.96	12
五	基本预备费	元	238.03	5
建筑安装工程单方造价				
项 目 名 称		单位	金额	占建安工程费比例（%）
一	人工费	元	524.05	13
二	材料费	元	2 388.15	58
三	机械费	元	126.12	3
四	综合费	元	759.58	18
五	税金	元	341.81	8
人工、主要材料单方用量				
项 目 名 称		单位	单方用量	
一	人工	工日	4.46	
二	钢构件	kg	104.95	
三	防火涂料	kg	21.42	
四	钢筋	kg	10.85	
五	混凝土	m³	0.22	
六	楼承板	m²	0.95	

单位：m²

序号	指标编号		2Z-018	
	项　目	单位	装配率90%以上（钢框架－支撑结构）	
			金额	占指标基价比例（%）
	指标基价	元	5 179.40	100
一	建筑工程费用	元	4 289.36	83
二	安装工程费用	元	0.00	0
三	设备购置费	元	0.00	0
四	工程建设其他费	元	643.40	12
五	基本预备费	元	246.64	5
建筑安装工程单方造价				
项 目 名 称		单位	金额	占建安工程费比例（%）
一	人工费	元	485.28	11
二	材料费	元	2 521.64	59
三	机械费	元	141.23	3
四	综合费	元	787.04	18
五	税金	元	354.17	8
人工、主要材料单方用量				
项 目 名 称		单位	单方用量	
一	人工	工日	4.13	
二	钢构件	kg	104.95	
三	防火涂料	kg	21.42	
四	钢筋	kg	10.85	
五	混凝土	m³	0.22	
六	楼承板	m²	0.95	

单位：m²

序号	指标编号		2Z-019	
	项　目	单位	装配率30% （钢框架－钢筋混凝土核心筒结构）	
			金额	占指标基价比例 （％）
	指 标 基 价	元	4 269.45	100
一	建筑工程费用	元	3 537.77	83
二	安装工程费用	元	0.00	0
三	设备购置费	元	0.00	0
四	工程建设其他费	元	530.37	12
五	基本预备费	元	203.31	5
建筑安装工程单方造价				
	项 目 名 称	单位	金额	占建安工程费比例 （％）
一	人工费	元	601.60	17
二	材料费	元	1 893.88	54
三	机械费	元	99.58	3
四	综合费	元	648.77	18
五	税金	元	291.94	8
人工、主要材料单方用量				
	项 目 名 称	单位	单方用量	
一	人工	工日	5.12	
二	钢构件	kg	67.01	
三	防火涂料	kg	13.07	
四	钢筋	kg	32.03	
五	混凝土	m³	0.33	

单位:m^2

序号	项 目	单位	指 标 编 号	2Z-020
				装配率50% (钢框架－钢筋混凝土核心筒结构)
			金额	占指标基价比例 (%)
	指 标 基 价	元	4 339.89	100
一	建筑工程费用	元	3 594.11	83
二	安装工程费用	元	0.00	0
三	设备购置费	元	0.00	0
四	工程建设其他费	元	539.12	12
五	基本预备费	元	206.66	5

建筑安装工程单方造价				
	项 目 名 称	单位	金额	占建安工程费比例 (%)
一	人工费	元	596.90	17
二	材料费	元	1 940.86	54
三	机械费	元	100.12	3
四	综合费	元	659.47	18
五	税金	元	296.76	8

人工、主要材料单方用量			
	项 目 名 称	单位	单方用量
一	人工	工日	5.08
二	钢构件	kg	67.01
三	防火涂料	kg	13.07
四	钢筋	kg	32.03
五	混凝土	m^3	0.33

单位：m²

序号	项　目	单位	指标编号	2Z-021
			装配率60%（钢框架－钢筋混凝土核心筒结构）	
			金额	占指标基价比例（%）
	指标基价	元	4 435.84	100
一	建筑工程费用	元	3 673.57	83
二	安装工程费用	元	0.00	0
三	设备购置费	元	0.00	0
四	工程建设其他费	元	551.04	12
五	基本预备费	元	211.23	5

建筑安装工程单方造价

	项目名称	单位	金额	占建安工程费比例（%）
一	人工费	元	594.55	16
二	材料费	元	1 999.67	54
三	机械费	元	101.98	3
四	综合费	元	674.05	18
五	税金	元	303.32	8

人工、主要材料单方用量

	项目名称	单位	单方用量
一	人工	工日	5.06
二	钢构件	kg	67.01
三	防火涂料	kg	13.07
四	钢筋	kg	31.33
五	混凝土	m³	0.33
六	楼承板	m²	0.77

单位：m²

序号	指 标 编 号		2Z-022	
	项 目	单位	装配率75% （钢框架－钢筋混凝土核心筒结构）	
			金额	占指标基价比例 （%）
	指 标 基 价	元	4 615.50	100
一	建筑工程费用	元	3 822.59	83
二	安装工程费用	元	0.00	0
三	设备购置费	元	0.00	0
四	工程建设其他费	元	573.39	12
五	基本预备费	元	219.80	5
建筑安装工程单方造价				
	项 目 名 称	单位	金额	占建安工程费比例 （%）
一	人工费	元	532.28	14
二	材料费	元	2 150.70	56
三	机械费	元	122.59	3
四	综合费	元	701.39	18
五	税金	元	315.63	8
人工、主要材料单方用量				
	项 目 名 称	单位	单方用量	
一	人工	工日	4.53	
二	钢构件	kg	67.01	
三	防火涂料	kg	13.07	
四	钢筋	kg	31.33	
五	混凝土	m³	0.33	
六	楼承板	m²	0.77	

单位：m²

序号	指标编号		2Z-023	
	项　目	单位	装配率90%（钢框架－钢筋混凝土核心筒结构）	
			金额	占指标基价比例（%）
	指 标 基 价	元	4 798.38	100
一	建筑工程费用	元	3 973.82	83
二	安装工程费用	元	0.00	0
三	设备购置费	元	0.00	0
四	工程建设其他费	元	596.07	12
五	基本预备费	元	228.49	5
建筑安装工程单方造价				
	项 目 名 称	单位	金额	占建安工程费比例（%）
一	人工费	元	494.68	12
二	材料费	元	2 284.19	57
三	机械费	元	137.70	3
四	综合费	元	729.14	18
五	税金	元	328.11	8
人工、主要材料单方用量				
	项 目 名 称	单位	单方用量	
一	人工	工日	4.21	
二	钢构件	kg	67.01	
三	防火涂料	kg	13.07	
四	钢筋	kg	31.33	
五	混凝土	m³	0.33	
六	楼承板	m²	0.77	

（3）超高层居住类

单位：m²

序号	指 标 编 号		2Z-024	
	项 目	单位	装配率30%（钢框架－钢板剪力墙结构）	
			金额	占指标基价比例（%）
	指 标 基 价	元	5 956.10	100
一	建筑工程费用	元	4 932.59	83
二	安装工程费用	元	0.00	0
三	设备购置费	元	0.00	0
四	工程建设其他费	元	739.89	12
五	基本预备费	元	283.62	5
建筑安装工程单方造价				
	项 目 名 称	单位	金额	占建安工程费比例（%）
一	人工费	元	598.08	12
二	材料费	元	2 925.18	59
三	机械费	元	96.99	2
四	综合费	元	905.06	18
五	税金	元	407.28	8
人工、主要材料单方用量				
	项 目 名 称	单位	单方用量	
一	人工	工日	5.09	
二	钢构件	kg	181.86	
三	防火涂料	kg	21.17	
四	钢筋	kg	16.69	
五	混凝土	m³	0.22	

单位：m²

序号	指标编号		2Z-025	
	项　目	单位	装配率50%（钢框架－钢板剪力墙结构）	
			金额	占指标基价比例（%）
	指标基价	元	6 076.79	100
一	建筑工程费用	元	5 032.54	83
二	安装工程费用	元	0.00	0
三	设备购置费	元	0.00	0
四	工程建设其他费	元	754.88	12
五	基本预备费	元	289.37	5
建筑安装工程单方造价				
	项目名称	单位	金额	占建安工程费比例（%）
一	人工费	元	591.03	12
二	材料费	元	2 972.98	59
三	机械费	元	129.60	3
四	综合费	元	923.40	18
五	税金	元	415.53	8
人工、主要材料单方用量				
	项目名称	单位	单方用量	
一	人工	工日	5.03	
二	钢构件	kg	181.86	
三	防火涂料	kg	21.17	
四	钢筋	kg	17.21	
五	混凝土	m³	0.21	

单位：m²

序号		指 标 编 号		2Z-026	
		项 目	单位	装配率60%（钢框架 – 钢板剪力墙结构）	
				金额	占指标基价比例（%）
		指 标 基 价	元	6 177.57	100
一		建筑工程费用	元	5 116.00	83
二		安装工程费用	元	0.00	0
三		设备购置费	元	0.00	0
四		工程建设其他费	元	767.40	12
五		基本预备费	元	294.17	5
建筑安装工程单方造价					
		项 目 名 称	单位	金额	占建安工程费比例（%）
一		人工费	元	583.98	11
二		材料费	元	3 039.74	59
三		机械费	元	131.14	3
四		综合费	元	938.72	18
五		税金	元	422.42	8
人工、主要材料单方用量					
		项 目 名 称	单位	单方用量	
一		人工	工日	4.97	
二		钢构件	kg	181.86	
三		防火涂料	kg	21.17	
四		钢筋	kg	12.12	
五		混凝土	m³	0.21	
六		楼承板	m²	0.67	

单位：m²

序号	指 标 编 号		2Z-027	
	项　目	单位	装配率75%（钢框架－钢板剪力墙结构）	
			金额	占指标基价比例（%）
	指 标 基 价	元	6 238.16	100
一	建筑工程费用	元	5 166.17	83
二	安装工程费用	元	0.00	0
三	设备购置费	元	0.00	0
四	工程建设其他费	元	774.93	12
五	基本预备费	元	297.06	5
建筑安装工程单方造价				
	项 目 名 称	单位	金额	占建安工程费比例（%）
一	人工费	元	581.63	11
二	材料费	元	3 078.22	60
三	机械费	元	131.84	3
四	综合费	元	947.92	18
五	税金	元	426.56	8
人工、主要材料单方用量				
	项 目 名 称	单位	单方用量	
一	人工	工日	4.95	
二	钢构件	kg	181.86	
三	防火涂料	kg	21.17	
四	钢筋	kg	12.13	
五	混凝土	m³	0.21	
六	楼承板	m²	0.95	

单位:m²

序号	指标编号		2Z-028	
	项 目	单位	装配率90%(钢框架–钢板剪力墙结构)	
			金额	占指标基价比例(%)
	指 标 基 价	元	6 420.03	100
一	建筑工程费用	元	5 316.79	83
二	安装工程费用	元	0.00	0
三	设备购置费	元	0.00	0
四	工程建设其他费	元	797.52	12
五	基本预备费	元	305.72	5
建筑安装工程单方造价				
	项 目 名 称	单位	金额	占建安工程费比例(%)
一	人工费	元	520.53	10
二	材料费	元	3 229.25	61
三	机械费	元	152.45	3
四	综合费	元	975.56	18
五	税金	元	439.00	8
人工、主要材料单方用量				
	项 目 名 称	单位	单方用量	
一	人工	工日	4.43	
二	钢构件	kg	181.86	
三	防火涂料	kg	21.17	
四	钢筋	kg	12.13	
五	混凝土	m³	0.21	
六	楼承板	m²	0.95	

单位：m²

序号	指标编号		2Z-029	
	项 目	单位	装配率90%以上 （钢框架－钢板剪力墙结构）	
			金额	占指标基价比例 （%）
	指 标 基 价	元	6 600.70	100
一	建筑工程费用	元	5 466.42	83
二	安装工程费用	元	0.00	0
三	设备购置费	元	0.00	0
四	工程建设其他费	元	819.96	12
五	基本预备费	元	314.32	5
建筑安装工程单方造价				
	项 目 名 称	单位	金额	占建安工程费比例 （%）
一	人工费	元	481.75	9
二	材料费	元	3 362.74	62
三	机械费	元	167.56	3
四	综合费	元	1 003.01	18
五	税金	元	451.36	8
人工、主要材料单方用量				
	项 目 名 称	单位	单方用量	
一	人工	工日	4.10	
二	钢构件	kg	181.86	
三	防火涂料	kg	21.17	
四	钢筋	kg	12.13	
五	混凝土	m³	0.21	
六	楼承板	m²	0.95	

单位：m²

序号	项　目	单位	指标编号	2Z-030
			装配率30% （钢框架–钢筋混凝土核心筒结构）	
			金额	占指标基价比例（%）
	指标基价	元	5 705.53	100
一	建筑工程费用	元	4 725.08	83
二	安装工程费用	元	0.00	0
三	设备购置费	元	0.00	0
四	工程建设其他费	元	708.76	12
五	基本预备费	元	271.69	5
建筑安装工程单方造价				
	项目名称	单位	金额	占建安工程费比例（%）
一	人工费	元	750.83	16
二	材料费	元	2 590.17	55
三	机械费	元	126.95	3
四	综合费	元	866.99	18
五	税金	元	390.14	8
人工、主要材料单方用量				
	项目名称	单位	单方用量	
一	人工	工日	6.39	
二	钢构件	kg	110.93	
三	防火涂料	kg	38.62	
四	钢筋	kg	43.02	
五	混凝土	m³	0.45	

单位：m^2

序号	项　目	单位	指标编号	2Z-031
			装配率50% （钢框架－钢筋混凝土核心筒结构）	
			金额	占指标基价比例 （%）
	指　标　基　价	元	5 879.50	100
一	建筑工程费用	元	4 869.15	83
二	安装工程费用	元	0.00	0
三	设备购置费	元	0.00	0
四	工程建设其他费	元	730.37	12
五	基本预备费	元	279.98	5

建筑安装工程单方造价

序号	项 目 名 称	单位	金额	占建安工程费比例 （%）
一	人工费	元	739.08	15
二	材料费	元	2 704.57	56
三	机械费	元	130.04	3
四	综合费	元	893.42	18
五	税金	元	402.04	8

人工、主要材料单方用量

序号	项 目 名 称	单位	单方用量
一	人工	工日	6.29
二	钢构件	kg	110.93
三	防火涂料	kg	38.62
四	钢筋	kg	43.92
五	混凝土	m^3	0.39

单位:m²

序号	指 标 编 号		2Z-032	
	项　目	单位	装配率60% （钢框架－钢筋混凝土核心筒结构）	
			金额	占指标基价比例 （%）
	指 标 基 价	元	6 137.12	100
一	建筑工程费用	元	5 082.50	83
二	安装工程费用	元	0.00	0
三	设备购置费	元	0.00	0
四	工程建设其他费	元	762.38	12
五	基本预备费	元	292.24	5
建筑安装工程单方造价				
	项 目 名 称	单位	金额	占建安工程费比例 （%）
一	人工费	元	732.03	14
二	材料费	元	2 823.39	56
三	机械费	元	174.85	3
四	综合费	元	932.57	18
五	税金	元	419.66	8
人工、主要材料单方用量				
	项 目 名 称	单位	单方用量	
一	人工	工日	6.23	
二	钢构件	kg	110.93	
三	防火涂料	kg	38.62	
四	钢筋	kg	43.92	
五	混凝土	m³	0.30	
六	楼承板	m²	0.69	

单位：m²

序号	指标编号		2Z-033	
	项　目	单位	装配率75%（钢框架－钢筋混凝土核心筒结构）	
			金额	占指标基价比例（%）
	指 标 基 价	元	6 318.97	100
一	建筑工程费用	元	5 233.10	83
二	安装工程费用	元	0.00	0
三	设备购置费	元	0.00	0
四	工程建设其他费	元	784.97	12
五	基本预备费	元	300.90	5

建筑安装工程单方造价

	项 目 名 称	单位	金额	占建安工程费比例（%）
一	人工费	元	670.93	13
二	材料费	元	2 974.42	57
三	机械费	元	195.46	4
四	综合费	元	960.20	18
五	税金	元	432.09	8

人工、主要材料单方用量

	项 目 名 称	单位	单方用量
一	人工	工日	5.71
二	钢构件	kg	110.93
三	防火涂料	kg	38.62
四	钢筋	kg	43.92
五	混凝土	m³	0.30
六	楼承板	m²	0.69

单位：m²

指 标 编 号			2Z-034	
序号	项　　目	单位	装配率90% （钢框架－钢筋混凝土核心筒结构）	
			金额	占指标基价比例 （%）
	指 标 基 价	元	6 499.66	100
一	建筑工程费用	元	5 382.74	83
二	安装工程费用	元	0.00	0
三	设备购置费	元	0.00	0
四	工程建设其他费	元	807.41	12
五	基本预备费	元	309.51	5
建筑安装工程单方造价				
	项 目 名 称	单位	金额	占建安工程费比例 （%）
一	人工费	元	632.15	12
二	材料费	元	3 107.91	58
三	机械费	元	210.57	4
四	综合费	元	987.66	18
五	税金	元	444.45	8
人工、主要材料单方用量				
	项 目 名 称	单位	单方用量	
一	人工	工日	5.38	
二	钢构件	kg	101.77	
三	防火涂料	kg	38.62	
四	钢筋	kg	43.92	
五	混凝土	m³	0.30	
六	楼承板	m²	0.69	

2. 公共建筑类

（1）办公建筑类

单位：m²

序号	指标编号		2Z-035	
	项目	单位	装配率30%（钢框架－支撑结构）	
			金额	占指标基价比例（%）
	指标基价	元	7 273.91	100
一	建筑工程费用	元	6 023.94	83
二	安装工程费用	元	0.00	0
三	设备购置费	元	0.00	0
四	工程建设其他费	元	903.59	12
五	基本预备费	元	346.38	5
建筑安装工程单方造价				
	项目名称	单位	金额	占建安工程费比例（%）
一	人工费	元	843.65	14
二	材料费	元	3 437.61	57
三	机械费	元	139.98	2
四	综合费	元	1 105.31	18
五	税金	元	497.39	8
人工、主要材料单方用量				
	项目名称	单位	单方用量	
一	人工	工日	7.18	
二	钢构件	kg	141.24	
三	防火涂料	kg	30.28	
四	钢筋	kg	30.87	
五	混凝土	m³	0.25	

单位：m²

序号	指标编号			2Z-036	
	项 目	单位	装配率50%（钢框架－支撑结构）		
			金额	占指标基价比例（%）	
	指 标 基 价	元	7 362.10	100	
一	建筑工程费用	元	6 096.97	83	
二	安装工程费用	元	0.00	0	
三	设备购置费	元	0.00	0	
四	工程建设其他费	元	914.55	12	
五	基本预备费	元	350.58	5	
建筑安装工程单方造价					
	项 目 名 称	单位	金额	占建安工程费比例（%）	
一	人工费	元	838.95	14	
二	材料费	元	3 495.68	57	
三	机械费	元	140.21	2	
四	综合费	元	1 118.71	18	
五	税金	元	503.42	8	
人工、主要材料单方用量					
	项 目 名 称	单位	单方用量		
一	人工	工日	7.14		
二	钢构件	kg	141.24		
三	防火涂料	kg	30.28		
四	钢筋	kg	30.60		
五	混凝土	m³	0.25		

单位: m²

序号	指标 编 号		2Z-037	
	项 目	单位	装配率60%（钢框架－支撑结构）	
			金额	占指标基价比例（%）
	指 标 基 价	元	7 411.29	100
一	建筑工程费用	元	6 137.71	83
二	安装工程费用	元	0.00	0
三	设备购置费	元	0.00	0
四	工程建设其他费	元	920.66	12
五	基本预备费	元	352.92	5
建筑安装工程单方造价				
	项 目 名 称	单位	金额	占建安工程费比例（%）
一	人工费	元	837.78	14
二	材料费	元	3 524.95	57
三	机械费	元	142.01	2
四	综合费	元	1 126.19	18
五	税金	元	506.78	8
人工、主要材料单方用量				
	项 目 名 称	单位	单方用量	
一	人工	工日	7.13	
二	钢构件	kg	141.24	
三	防火涂料	kg	30.28	
四	钢筋	kg	28.73	
五	混凝土	m³	0.25	
六	楼承板	m²	0.49	

单位：m²

序号	指标编号		2Z-038	
	项　目	单位	装配率75%（钢框架－支撑结构）	
			金额	占指标基价比例（%）
	指　标　基　价	元	7 428.09	100
一	建筑工程费用	元	6 151.63	83
二	安装工程费用	元	0.00	0
三	设备购置费	元	0.00	0
四	工程建设其他费	元	922.74	12
五	基本预备费	元	353.72	5
建筑安装工程单方造价				
	项　目　名　称	单位	金额	占建安工程费比例（%）
一	人工费	元	822.50	13
二	材料费	元	3 535.16	57
三	机械费	元	157.30	3
四	综合费	元	1 128.74	18
五	税金	元	507.93	8
人工、主要材料单方用量				
	项　目　名　称	单位	单方用量	
一	人工	工日	7.00	
二	钢构件	kg	141.24	
三	防火涂料	kg	30.28	
四	钢筋	kg	18.68	
五	混凝土	m³	0.25	
六	楼承板	m²	0.81	

单位：m²

序号	指 标 编 号		2Z-039	
	项 目	单位	装配率90%（钢框架－支撑结构）	
			金额	占指标基价比例（％）
	指 标 基 价	元	7 609.68	100
一	建筑工程费用	元	6 302.01	83
二	安装工程费用	元	0.00	0
三	设备购置费	元	0.00	0
四	工程建设其他费	元	945.30	12
五	基本预备费	元	362.37	5
建筑安装工程单方造价				
	项 目 名 称	单位	金额	占建安工程费比例（％）
一	人工费	元	724.98	11
二	材料费	元	3 722.99	59
三	机械费	元	177.36	3
四	综合费	元	1 156.33	18
五	税金	元	520.35	8
人工、主要材料单方用量				
	项 目 名 称	单位	单方用量	
一	人工	工日	6.17	
二	钢构件	kg	141.24	
三	防火涂料	kg	30.28	
四	钢筋	kg	18.68	
五	混凝土	m³	0.25	
六	楼承板	m²	0.81	

单位：m²

序号	指　标　编　号		2Z-040	
	项　　目	单位	装配率90%以上（钢框架－支撑结构）	
			金额	占指标基价比例（%）
	指　标　基　价	元	7 790.34	100
一	建筑工程费用	元	6 451.63	83
二	安装工程费用	元	0.00	0
三	设备购置费	元	0.00	0
四	工程建设其他费	元	967.74	12
五	基本预备费	元	370.97	5
建筑安装工程单方造价				
	项　目　名　称	单位	金额	占建安工程费比例（%）
一	人工费	元	686.20	11
二	材料费	元	3 856.49	60
三	机械费	元	192.45	3
四	综合费	元	1 183.79	18
五	税金	元	532.70	8
人工、主要材料单方用量				
	项　目　名　称	单位	单方用量	
一	人工	工日	5.84	
二	钢构件	kg	141.24	
三	防火涂料	kg	30.28	
四	钢筋	kg	18.68	
五	混凝土	m³	0.25	
六	楼承板	m²	0.81	

单位: m²

序号	项　目	单位	指　标　编　号	2Z-041
			装配率30%（钢框架－钢板剪力墙结构）	
			金额	占指标基价比例（%）
	指　标　基　价	元	7 585.82	100
一	建筑工程费用	元	6 282.25	83
二	安装工程费用	元	0.00	0
三	设备购置费	元	0.00	0
四	工程建设其他费	元	942.34	12
五	基本预备费	元	361.23	5
建筑安装工程单方造价				
	项　目　名　称	单位	金额	占建安工程费比例（%）
一	人工费	元	768.45	12
二	材料费	元	3 701.26	59
三	机械费	元	141.11	2
四	综合费	元	1 152.71	18
五	税金	元	518.72	8
人工、主要材料单方用量				
	项　目　名　称	单位	单方用量	
一	人工	工日	6.54	
二	钢构件	kg	198.30	
三	防火涂料	kg	20.78	
四	钢筋	kg	0.85	
五	混凝土	m³	0.28	

单位: m²

序号	指标 编 号			2Z-042	
	项 目	单位		装配率50%(钢框架–钢板剪力墙结构)	
				金额	占指标基价比例(%)
	指 标 基 价	元		7 611.17	100
一	建筑工程费用	元		6 303.24	83
二	安装工程费用	元		0.00	0
三	设备购置费	元		0.00	0
四	工程建设其他费	元		945.49	12
五	基本预备费	元		362.44	5
建筑安装工程单方造价					
	项 目 名 称	单位		金额	占建安工程费比例(%)
一	人工费	元		763.75	12
二	材料费	元		3 720.58	59
三	机械费	元		141.90	2
四	综合费	元		1 156.56	18
五	税金	元		520.45	8
人工、主要材料单方用量					
	项 目 名 称	单位		单方用量	
一	人工	工日		6.50	
二	钢构件	kg		198.30	
三	防火涂料	kg		20.78	
四	钢筋	kg		0.92	
五	混凝土	m³		0.26	

单位：m²

序号	指标编号		2Z-043	
	项 目	单位	装配率60%（钢框架－钢板剪力墙结构）	
			金额	占指标基价比例（%）
	指 标 基 价	元	7 700.76	100
一	建筑工程费用	元	6 377.44	83
二	安装工程费用	元	0.00	0
三	设备购置费	元	0.00	0
四	工程建设其他费	元	956.62	12
五	基本预备费	元	366.70	5
建筑安装工程单方造价				
	项 目 名 称	单位	金额	占建安工程费比例（%）
一	人工费	元	753.18	12
二	材料费	元	3 784.08	59
三	机械费	元	143.43	2
四	综合费	元	1 170.17	18
五	税金	元	526.58	8
人工、主要材料单方用量				
	项 目 名 称	单位	单方用量	
一	人工	工日	6.41	
二	钢构件	kg	198.30	
三	防火涂料	kg	20.78	
四	钢筋	kg	11.07	
五	混凝土	m³	0.26	
六	楼承板	m²	0.63	

单位：m²

序号	指标编号		2Z-044	
	项　目	单位	装配率75%（钢框架–钢板剪力墙结构）	
			金额	占指标基价比例（%）
	指　标　基　价	元	7 739.19	100
一	建筑工程费用	元	6 409.27	83
二	安装工程费用	元	0.00	0
三	设备购置费	元	0.00	0
四	工程建设其他费	元	961.39	12
五	基本预备费	元	368.53	5
建筑安装工程单方造价				
	项目名称	单位	金额	占建安工程费比例（%）
一	人工费	元	744.95	12
二	材料费	元	3 797.01	59
三	机械费	元	162.09	3
四	综合费	元	1 176.01	18
五	税金	元	529.21	8
人工、主要材料单方用量				
	项目名称	单位	单方用量	
一	人工	工日	6.34	
二	钢构件	kg	198.30	
三	防火涂料	kg	20.78	
四	钢筋	kg	11.07	
五	混凝土	m³	0.26	
六	楼承板	m²	0.90	

单位：m²

序号	指标编号		2Z-045	
	项　目	单位	装配率90%（钢框架－钢板剪力墙结构）	
			金额	占指标基价比例（%）
	指 标 基 价	元	7 921.78	100
一	建筑工程费用	元	6 559.65	83
二	安装工程费用	元	0.00	0
三	设备购置费	元	0.00	0
四	工程建设其他费	元	983.95	12
五	基本预备费	元	377.18	5
建筑安装工程单方造价				
	项 目 名 称	单位	金额	占建安工程费比例（%）
一	人工费	元	647.43	10
二	材料费	元	3 984.84	61
三	机械费	元	182.15	3
四	综合费	元	1 203.61	18
五	税金	元	541.62	8
人工、主要材料单方用量				
	项 目 名 称	单位	单方用量	
一	人工	工日	5.51	
二	钢构件	kg	198.30	
三	防火涂料	kg	20.78	
四	钢筋	kg	11.07	
五	混凝土	m³	0.26	
六	楼承板	m²	0.90	

单位：m²

序号	指 标 编 号		2Z-046	
	项　目	单位	装配率 90% 以上 （钢框架 – 钢板剪力墙结构）	
			金额	占指标基价比例 （%）
	指 标 基 价	元	8 101.44	100
一	建筑工程费用	元	6 709.27	83
二	安装工程费用	元	0.00	0
三	设备购置费	元	0.00	0
四	工程建设其他费	元	1 006.39	12
五	基本预备费	元	385.78	5
建筑安装工程单方造价				
	项 目 名 称	单位	金额	占建安工程费比例 （%）
一	人工费	元	608.65	9
二	材料费	元	4 118.34	61
三	机械费	元	197.24	3
四	综合费	元	1 231.06	18
五	税金	元	553.98	8
人工、主要材料单方用量				
	项 目 名 称	单位	单方用量	
一	人工	工日	5.18	
二	钢构件	kg	198.30	
三	防火涂料	kg	20.78	
四	钢筋	kg	11.07	
五	混凝土	m³	0.26	
六	楼承板	m²	0.90	

（2）商业建筑类

单位：m²

序号	指 标 编 号			2Z-047	
	项　　　目	单位		装配率30%（钢框架结构）	
				金额	占指标基价比例（%）
	指 标 基 价	元		6 471.78	100
一	建筑工程费用	元		5 359.65	83
二	安装工程费用	元		0.00	0
三	设备购置费	元		0.00	0
四	工程建设其他费	元		803.95	12
五	基本预备费	元		308.18	5
建筑安装工程单方造价					
	项 目 名 称	单位		金额	占建安工程费比例（%）
一	人工费	元		799.00	15
二	材料费	元		3 003.82	56
三	机械费	元		130.87	2
四	综合费	元		983.42	18
五	税金	元		442.54	8
人工、主要材料单方用量					
	项 目 名 称	单位		单方用量	
一	人工	工日		6.80	
二	钢构件	kg		110.16	
三	防火涂料	kg		21.61	
四	钢筋	kg		16.21	
五	混凝土	m³		0.12	

单位：m²

序号	指标编号		2Z-048	
	项　目	单位	装配率50%（钢框架结构）	
			金额	占指标基价比例（%）
	指 标 基 价	元	6 502.70	100
一	建筑工程费用	元	5 385.26	83
二	安装工程费用	元	0.00	0
三	设备购置费	元	0.00	0
四	工程建设其他费	元	807.79	12
五	基本预备费	元	309.65	5
建筑安装工程单方造价				
	项 目 名 称	单位	金额	占建安工程费比例（%）
一	人工费	元	793.13	15
二	材料费	元	3 027.67	56
三	机械费	元	131.69	2
四	综合费	元	988.12	18
五	税金	元	444.65	8
人工、主要材料单方用量				
	项 目 名 称	单位	单方用量	
一	人工	工日	6.75	
二	钢构件	kg	110.16	
三	防火涂料	kg	21.61	
四	钢筋	kg	8.07	
五	混凝土	m³	0.12	

单位：m²

序号	指标编号		2Z-049	
	项　目	单位	装配率60%（钢框架结构）	
			金额	占指标基价比例（%）
	指 标 基 价	元	6 611.31	100
一	建筑工程费用	元	5 475.21	83
二	安装工程费用	元	0.00	0
三	设备购置费	元	0.00	0
四	工程建设其他费	元	821.28	12
五	基本预备费	元	314.82	5
建筑安装工程单方造价				
	项 目 名 称	单位	金额	占建安工程费比例（%）
一	人工费	元	790.78	14
二	材料费	元	3 093.58	57
三	机械费	元	134.14	2
四	综合费	元	1 004.63	18
五	税金	元	452.08	8
人工、主要材料单方用量				
	项 目 名 称	单位	单方用量	
一	人工	工日	6.73	
二	钢构件	kg	110.16	
三	防火涂料	kg	21.61	
四	钢筋	kg	8.28	
五	混凝土	m³	0.10	
六	楼承板	m²	0.51	

单位:m²

序号	指 标 编 号		2Z-050	
	项 目	单位	装配率 75%（钢框架结构）	
			金额	占指标基价比例（%）
	指 标 基 价	元	6 667.98	100
一	建筑工程费用	元	5 522.14	83
二	安装工程费用	元	0.00	0
三	设备购置费	元	0.00	0
四	工程建设其他费	元	828.32	12
五	基本预备费	元	317.52	5
建筑安装工程单方造价				
	项 目 名 称	单位	金额	占建安工程费比例（%）
一	人工费	元	788.43	14
二	材料费	元	3 129.40	57
三	机械费	元	135.11	2
四	综合费	元	1 013.24	18
五	税金	元	455.96	8
人工、主要材料单方用量				
	项 目 名 称	单位	单方用量	
一	人工	工日	6.71	
二	钢构件	kg	110.16	
三	防火涂料	kg	21.61	
四	钢筋	kg	8.29	
五	混凝土	m³	0.10	
六	楼承板	m²	0.94	

单位:m²

序号	指标编号		2Z-051	
	项 目	单位	装配率90%（钢框架结构）	
			金额	占指标基价比例（%）
	指 标 基 价	元	6 847.62	100
一	建筑工程费用	元	5 670.90	83
二	安装工程费用	元	0.00	0
三	设备购置费	元	0.00	0
四	工程建设其他费	元	850.64	12
五	基本预备费	元	326.08	5
建筑安装工程单方造价				
	项 目 名 称	单位	金额	占建安工程费比例（%）
一	人工费	元	689.73	12
二	材料费	元	3 317.23	58
三	机械费	元	155.17	3
四	综合费	元	1 040.53	18
五	税金	元	468.24	8
人工、主要材料单方用量				
	项 目 名 称	单位	单方用量	
一	人工	工日	5.87	
二	钢构件	kg	110.16	
三	防火涂料	kg	21.61	
四	钢筋	kg	8.29	
五	混凝土	m³	0.10	
六	楼承板	m²	0.94	

单位：m²

序号	指标 编 号		2Z-052	
	项 目	单位	装配率90%以上（钢框架结构）	
			金额	占指标基价比例（%）
	指 标 基 价	元	7 030.22	100
一	建筑工程费用	元	5 822.13	83
二	安装工程费用	元	0.00	0
三	设备购置费	元	0.00	0
四	工程建设其他费	元	873.32	12
五	基本预备费	元	334.77	5
建筑安装工程单方造价				
	项 目 名 称	单位	金额	占建安工程费比例（%）
一	人工费	元	652.13	11
二	材料费	元	3 450.73	59
三	机械费	元	170.26	3
四	综合费	元	1 068.28	18
五	税金	元	480.73	8
人工、主要材料单方用量				
	项 目 名 称	单位	单方用量	
一	人工	工日	5.55	
二	钢构件	kg	110.16	
三	防火涂料	kg	21.61	
四	钢筋	kg	8.29	
五	混凝土	m³	0.10	
六	楼承板	m²	0.94	

（3）旅游建筑类

单位：m²

序号	项　目	单位	指标编号	2Z-053
			装配率30%（钢框架结构）	
			金额	占指标基价比例（%）
	指 标 基 价	元	10 697.16	100
一	建筑工程费用	元	8 858.93	83
二	安装工程费用	元	0.00	0
三	设备购置费	元	0.00	0
四	工程建设其他费	元	1 328.84	12
五	基本预备费	元	509.39	5
建筑安装工程单方造价				
	项 目 名 称	单位	金额	占建安工程费比例（%）
一	人工费	元	961.15	11
二	材料费	元	5 315.11	60
三	机械费	元	225.71	3
四	综合费	元	1 625.49	18
五	税金	元	731.47	8
人工、主要材料单方用量				
	项 目 名 称	单位	单方用量	
一	人工	工日	8.18	
二	钢构件	kg	464.71	
三	防火涂料	kg	70.46	
四	钢筋	kg	20.97	
五	混凝土	m³	0.13	

单位：m²

序号	指 标 编 号		2Z-054	
	项　　目	单位	装配率50%（钢框架结构）	
			金额	占指标基价比例（%）
	指 标 基 价	元	10 791.76	100
一	建筑工程费用	元	8 937.28	83
二	安装工程费用	元	0.00	0
三	设备购置费	元	0.00	0
四	工程建设其他费	元	1 340.59	12
五	基本预备费	元	513.89	5
建筑安装工程单方造价				
	项 目 名 称	单位	金额	占建安工程费比例（%）
一	人工费	元	948.23	11
二	材料费	元	5 384.30	60
三	机械费	元	226.94	3
四	综合费	元	1 639.87	18
五	税金	元	737.94	8
人工、主要材料单方用量				
	项 目 名 称	单位	单方用量	
一	人工	工日	8.07	
二	钢构件	kg	464.71	
三	防火涂料	kg	70.46	
四	钢筋	kg	21.71	
五	混凝土	m³	0.12	

单位：m²

序号	指 标 编 号		2Z-055	
	项　目	单位	装配率60%（钢框架结构）	
			金额	占指标基价比例（%）
	指 标 基 价	元	10 814.07	100
一	建筑工程费用	元	8 955.75	83
二	安装工程费用	元	0.00	0
三	设备购置费	元	0.00	0
四	工程建设其他费	元	1 343.36	12
五	基本预备费	元	514.96	5
建筑安装工程单方造价				
	项 目 名 称	单位	金额	占建安工程费比例（%）
一	人工费	元	942.35	11
二	材料费	元	5 403.75	60
三	机械费	元	226.92	3
四	综合费	元	1 643.26	18
五	税金	元	739.47	8
人工、主要材料单方用量				
	项 目 名 称	单位	单方用量	
一	人工	工日	8.02	
二	钢构件	kg	464.71	
三	防火涂料	kg	70.46	
四	钢筋	kg	21.72	
五	混凝土	m³	0.12	
六	楼承板	m²	0.52	

单位：m²

序号	指标编号		2Z-056	
	项 目	单位	装配率75%（钢框架结构）	
			金额	占指标基价比例（%）
	指 标 基 价	元	10 854.07	100
一	建筑工程费用	元	8 988.88	83
二	安装工程费用	元	0.00	0
三	设备购置费	元	0.00	0
四	工程建设其他费	元	1 348.33	12
五	基本预备费	元	516.86	5
建筑安装工程单方造价				
	项 目 名 称	单位	金额	占建安工程费比例（%）
一	人工费	元	936.48	10
二	材料费	元	5 433.28	60
三	机械费	元	227.58	3
四	综合费	元	1 649.34	18
五	税金	元	742.20	8
人工、主要材料单方用量				
	项 目 名 称	单位	单方用量	
一	人工	工日	7.97	
二	钢构件	kg	464.71	
三	防火涂料	kg	70.46	
四	钢筋	kg	21.73	
五	混凝土	m³	0.12	
六	楼承板	m²	0.78	

单位：m²

序号	指 标 编 号		2Z-057	
	项　目	单位	装配率90%（钢框架结构）	
			金额	占指标基价比例（%）
	指 标 基 价	元	11 035.65	100
一	建筑工程费用	元	9 139.25	83
二	安装工程费用	元	0.00	0
三	设备购置费	元	0.00	0
四	工程建设其他费	元	1 370.89	12
五	基本预备费	元	525.51	5
建筑安装工程单方造价				
	项 目 名 称	单位	金额	占建安工程费比例（%）
一	人工费	元	838.95	9
二	材料费	元	5 621.11	62
三	机械费	元	247.64	3
四	综合费	元	1 676.93	18
五	税金	元	754.62	8
人工、主要材料单方用量				
	项 目 名 称	单位	单方用量	
一	人工	工日	7.14	
二	钢构件	kg	464.71	
三	防火涂料	kg	70.46	
四	钢筋	kg	21.73	
五	混凝土	m³	0.12	
六	楼承板	m²	0.78	

单位: m²

序号	指标 编 号		2Z-058	
	项 目	单位	装配率 90% 以上（钢框架结构）	
			金额	占指标基价比例（%）
	指 标 基 价	元	11 216.31	100
一	建筑工程费用	元	9 288.87	83
二	安装工程费用	元	0.00	0
三	设备购置费	元	0.00	0
四	工程建设其他费	元	1 393.33	12
五	基本预备费	元	534.11	5
建筑安装工程单方造价				
	项 目 名 称	单位	金额	占建安工程费比例（%）
一	人工费	元	800.18	9
二	材料费	元	5 754.61	62
三	机械费	元	262.73	3
四	综合费	元	1 704.38	18
五	税金	元	766.97	8
人工、主要材料单方用量				
	项 目 名 称	单位	单方用量	
一	人工	工日	6.81	
二	钢构件	kg	464.71	
三	防火涂料	kg	70.46	
四	钢筋	kg	21.73	
五	混凝土	m³	0.12	
六	楼承板	m²	0.78	

（4）科教文卫建筑类

单位：m²

序号	指 标 编 号		2Z-059	
	项　目	单位	装配率30%（钢框架结构）	
			金额	占指标基价比例（%）
	指 标 基 价	元	5 196.60	100
一	建筑工程费用	元	4 303.60	83
二	安装工程费用	元	0.00	0
三	设备购置费	元	0.00	0
四	工程建设其他费	元	645.54	12
五	基本预备费	元	247.46	5
建筑安装工程单方造价				
	项 目 名 称	单位	金额	占建安工程费比例（%）
一	人工费	元	730.85	17
二	材料费	元	2 325.95	54
三	机械费	元	101.81	2
四	综合费	元	789.65	18
五	税金	元	355.34	8
人工、主要材料单方用量				
	项 目 名 称	单位	单方用量	
一	人工	工日	6.22	
二	钢构件	kg	96.89	
三	防火涂料	kg	13.77	
四	钢筋	kg	21.06	
五	混凝土	m³	0.20	

单位：m²

指标编号			2Z-060	
序号	项目	单位	装配率50%（钢框架结构）	
			金额	占指标基价比例（％）
	指标基价	元	5 406.32	100
一	建筑工程费用	元	4 477.29	83
二	安装工程费用	元	0.00	0
三	设备购置费	元	0.00	0
四	工程建设其他费	元	671.59	12
五	基本预备费	元	257.44	5
建筑安装工程单方造价				
项目名称		单位	金额	占建安工程费比例（％）
一	人工费	元	724.98	16
二	材料费	元	2 444.63	55
三	机械费	元	116.48	3
四	综合费	元	821.52	18
五	税金	元	369.68	8
人工、主要材料单方用量				
项目名称		单位	单方用量	
一	人工	工日	6.17	
二	钢构件	kg	96.89	
三	防火涂料	kg	13.77	
四	钢筋	kg	21.06	
五	混凝土	m³	0.19	

单位：m^2

序号	指 标 编 号		2Z-061	
	项 目	单位	装配率60%（钢框架结构）	
			金额	占指标基价比例（%）
	指 标 基 价	元	5 512.90	100
一	建筑工程费用	元	4 565.55	83
二	安装工程费用	元	0.00	0
三	设备购置费	元	0.00	0
四	工程建设其他费	元	684.83	12
五	基本预备费	元	262.52	5
建筑安装工程单方造价				
	项 目 名 称	单位	金额	占建安工程费比例（%）
一	人工费	元	719.10	16
二	材料费	元	2 512.83	55
三	机械费	元	118.93	3
四	综合费	元	837.72	18
五	税金	元	376.97	8
人工、主要材料单方用量				
	项 目 名 称	单位	单方用量	
一	人工	工日	6.12	
二	钢构件	kg	96.89	
三	防火涂料	kg	13.77	
四	钢筋	kg	15.64	
五	混凝土	m^3	0.19	
六	楼承板	m^2	0.55	

单位：m²

指 标 编 号			2Z-062	
序号	项　目	单位	装配率75%（钢框架结构）	
			金额	占指标基价比例（%）
	指 标 基 价	元	5 570.71	100
一	建筑工程费用	元	4 613.43	83
二	安装工程费用	元	0.00	0
三	设备购置费	元	0.00	0
四	工程建设其他费	元	692.01	12
五	基本预备费	元	265.27	5
建筑安装工程单方造价				
	项 目 名 称	单位	金额	占建安工程费比例（%）
一	人工费	元	714.40	15
二	材料费	元	2 551.69	55
三	机械费	元	119.91	3
四	综合费	元	846.50	18
五	税金	元	380.93	8
人工、主要材料单方用量				
	项 目 名 称	单位	单方用量	
一	人工	工日	6.08	
二	钢构件	kg	96.89	
三	防火涂料	kg	13.77	
四	钢筋	kg	15.64	
五	混凝土	m³	0.19	
六	楼承板	m²	0.79	

单位: m²

序号	指标编号		2Z-063	
	项　目	单位	装配率90%（钢框架结构）	
			金额	占指标基价比例（%）
	指 标 基 价	元	5 750.37	100
一	建筑工程费用	元	4 762.21	83
二	安装工程费用	元	0.00	0
三	设备购置费	元	0.00	0
四	工程建设其他费	元	714.33	12
五	基本预备费	元	273.83	5
建筑安装工程单方造价				
	项 目 名 称	单位	金额	占建安工程费比例（%）
一	人工费	元	615.70	13
二	材料费	元	2 739.53	58
三	机械费	元	139.97	3
四	综合费	元	873.80	18
五	税金	元	393.21	8
人工、主要材料单方用量				
	项 目 名 称	单位	单方用量	
一	人工	工日	5.24	
二	钢构件	kg	96.89	
三	防火涂料	kg	13.77	
四	钢筋	kg	15.64	
五	混凝土	m³	0.19	
六	楼承板	m²	0.79	

单位：m²

序号	指标编号		2Z-064	
	项 目	单位	装配率90%以上（钢框架结构）	
			金额	占指标基价比例（%）
	指 标 基 价	元	5 932.98	100
一	建筑工程费用	元	4 913.44	83
二	安装工程费用	元	0.00	0
三	设备购置费	元	0.00	0
四	工程建设其他费	元	737.02	12
五	基本预备费	元	282.52	5
建筑安装工程单方造价				
	项 目 名 称	单位	金额	占建安工程费比例（%）
一	人工费	元	578.10	12
二	材料费	元	2 873.03	58
三	机械费	元	155.06	3
四	综合费	元	901.55	18
五	税金	元	405.70	8
人工、主要材料单方用量				
	项 目 名 称	单位	单方用量	
一	人工	工日	4.92	
二	钢构件	kg	96.89	
三	防火涂料	kg	13.77	
四	钢筋	kg	15.64	
五	混凝土	m³	0.19	
六	楼承板	m²	0.79	

（5）通信建筑类

单位：m^2

指 标 编 号			2Z-065	
序号	项　　目	单位	装配率30%（钢框架结构）	
			金额	占指标基价比例（%）
	指 标 基 价	元	10 213.99	100
一	建筑工程费用	元	8 458.79	83
二	安装工程费用	元	0.00	0
三	设备购置费	元	0.00	0
四	工程建设其他费	元	1 268.82	12
五	基本预备费	元	486.38	5
建筑安装工程单方造价				
项 目 名 称		单位	金额	占建安工程费比例（%）
一	人工费	元	1 062.20	13
二	材料费	元	4 910.15	58
三	机械费	元	235.94	3
四	综合费	元	1 552.07	18
五	税金	元	698.43	8
人工、主要材料单方用量				
项 目 名 称		单位	单方用量	
一	人工	工日	9.04	
二	钢构件	kg	330.81	
三	防火涂料	kg	36.11	
四	钢筋	kg	22.73	
五	混凝土	m^3	0.16	

单位:m²

序号	指 标 编 号		2Z-066	
	项 目	单位	装配率50%(钢框架结构)	
			金额	占指标基价比例(%)
	指 标 基 价	元	10 328.22	100
一	建筑工程费用	元	8 553.39	83
二	安装工程费用	元	0.00	0
三	设备购置费	元	0.00	0
四	工程建设其他费	元	1 283.01	12
五	基本预备费	元	491.82	5
建筑安装工程单方造价				
	项 目 名 称	单位	金额	占建安工程费比例(%)
一	人工费	元	1 055.15	12
二	材料费	元	4 985.92	58
三	机械费	元	236.65	3
四	综合费	元	1 569.43	18
五	税金	元	706.24	8
人工、主要材料单方用量				
	项 目 名 称	单位	单方用量	
一	人工	工日	8.98	
二	钢构件	kg	330.81	
三	防火涂料	kg	36.11	
四	钢筋	kg	23.33	
五	混凝土	m³	0.15	

单位：m²

序号	指标编号		2Z-067	
	项　目	单位	装配率60%（钢框架结构）	
			金额	占指标基价比例（%）
	指标基价	元	10 423.06	100
一	建筑工程费用	元	8 631.93	83
二	安装工程费用	元	0.00	0
三	设备购置费	元	0.00	0
四	工程建设其他费	元	1 294.79	12
五	基本预备费	元	496.34	5
建筑安装工程单方造价				
	项目名称	单位	金额	占建安工程费比例（%）
一	人工费	元	1 034.00	12
二	材料费	元	5 061.77	59
三	机械费	元	239.59	3
四	综合费	元	1 583.84	18
五	税金	元	712.73	8
人工、主要材料单方用量				
	项目名称	单位	单方用量	
一	人工	工日	8.80	
二	钢构件	kg	330.81	
三	防火涂料	kg	36.11	
四	钢筋	kg	19.01	
五	混凝土	m³	0.15	
六	楼承板	m²	0.50	

单位:m²

序号	指标编号		2Z-068	
	项　目	单位	装配率75%(钢框架结构)	
			金额	占指标基价比例(%)
	指标基价	元	10 460.78	100
一	建筑工程费用	元	8 663.17	83
二	安装工程费用	元	0.00	0
三	设备购置费	元	0.00	0
四	工程建设其他费	元	1 299.48	12
五	基本预备费	元	498.13	5
建筑安装工程单方造价				
	项目名称	单位	金额	占建安工程费比例(%)
一	人工费	元	1 029.30	12
二	材料费	元	5 088.16	59
三	机械费	元	240.83	3
四	综合费	元	1 589.57	18
五	税金	元	715.31	8
人工、主要材料单方用量				
	项目名称	单位	单方用量	
一	人工	工日	8.76	
二	钢构件	kg	330.81	
三	防火涂料	kg	36.11	
四	钢筋	kg	14.68	
五	混凝土	m³	0.15	
六	楼承板	m²	0.69	

单位：m²

序号	项 目	单位	指 标 编 号	2Z-069
				装配率90%（钢框架结构）
			金额	占指标基价比例（%）
	指 标 基 价	元	10 642.36	100
一	建筑工程费用	元	8 813.55	83
二	安装工程费用	元	0.00	0
三	设备购置费	元	0.00	0
四	工程建设其他费	元	1 322.03	12
五	基本预备费	元	506.78	5

建筑安装工程单方造价				
项 目 名 称	单位	金额	占建安工程费比例（%）	
一	人工费	元	931.78	11
二	材料费	元	5 275.99	60
三	机械费	元	260.89	3
四	综合费	元	1 617.17	18
五	税金	元	727.72	8

人工、主要材料单方用量			
项 目 名 称	单位	单方用量	
一	人工	工日	7.93
二	钢构件	kg	330.81
三	防火涂料	kg	36.11
四	钢筋	kg	14.68
五	混凝土	m³	0.15
六	楼承板	m²	0.69

单位: m²

序号	指标编号		2Z-070	
	项 目	单位	装配率 90% 以上（钢框架结构）	
			金额	占指标基价比例（%）
	指 标 基 价	元	10 823.03	100
一	建筑工程费用	元	8 963.17	83
二	安装工程费用	元	0.00	0
三	设备购置费	元	0.00	0
四	工程建设其他费	元	1 344.48	12
五	基本预备费	元	515.38	5
建筑安装工程单方造价				
	项 目 名 称	单位	金额	占建安工程费比例（%）
一	人工费	元	893.00	10
二	材料费	元	5 409.49	60
三	机械费	元	275.98	3
四	综合费	元	1 644.62	18
五	税金	元	740.08	8
人工、主要材料单方用量				
	项 目 名 称	单位	单方用量	
一	人工	工日	7.60	
二	钢构件	kg	330.81	
三	防火涂料	kg	36.11	
四	钢筋	kg	14.68	
五	混凝土	m³	0.15	
六	楼承板	m²	0.69	

（6）交通运输类

单位：m²

序号	指 标 编 号		2Z-071	
	项　　目	单位	装配率30%（桁架结构）	
			金额	占指标基价比例（%）
	指 标 基 价	元	6 530.24	100
一	建筑工程费用	元	5 408.07	83
二	安装工程费用	元	0.00	0
三	设备购置费	元	0.00	0
四	工程建设其他费	元	811.21	12
五	基本预备费	元	310.96	5
建筑安装工程单方造价				
	项 目 名 称	单位	金额	占建安工程费比例（%）
一	人工费	元	889.48	16
二	材料费	元	2 946.33	54
三	机械费	元	133.41	2
四	综合费	元	992.31	18
五	税金	元	446.54	8
人工、主要材料单方用量				
	项 目 名 称	单位	单方用量	
一	人工	工日	7.57	
二	钢构件	kg	110.68	
三	防火涂料	kg	30.28	
四	钢筋	kg	82.49	
五	混凝土	m³	0.34	

单位: m²

序号	指标编号		2Z-072	
	项 目	单位	装配率50%（桁架结构）	
			金额	占指标基价比例（%）
	指标基价	元	6 638.92	100
一	建筑工程费用	元	5 498.07	83
二	安装工程费用	元	0.00	0
三	设备购置费	元	0.00	0
四	工程建设其他费	元	824.71	12
五	基本预备费	元	316.14	5
建筑安装工程单方造价				
	项 目 名 称	单位	金额	占建安工程费比例（%）
一	人工费	元	883.60	16
二	材料费	元	3 017.94	55
三	机械费	元	133.74	2
四	综合费	元	1 008.82	18
五	税金	元	453.97	8
人工、主要材料单方用量				
	项 目 名 称	单位	单方用量	
一	人工	工日	7.52	
二	钢构件	kg	110.68	
三	防火涂料	kg	30.28	
四	钢筋	kg	83.07	
五	混凝土	m³	0.34	

单位: m²

序号	指 标 编 号		2Z-073	
	项 目	单位	装配率60%（桁架结构）	
			金额	占指标基价比例（%）
	指 标 基 价	元	6 755.10	100
一	建筑工程费用	元	5 594.29	83
二	安装工程费用	元	0.00	0
三	设备购置费	元	0.00	0
四	工程建设其他费	元	839.14	12
五	基本预备费	元	321.67	5
建筑安装工程单方造价				
	项 目 名 称	单位	金额	占建安工程费比例（%）
一	人工费	元	877.73	16
二	材料费	元	3 091.68	55
三	机械费	元	136.49	2
四	综合费	元	1 026.48	18
五	税金	元	461.91	8
人工、主要材料单方用量				
	项 目 名 称	单位	单方用量	
一	人工	工日	7.47	
二	钢构件	kg	110.68	
三	防火涂料	kg	30.28	
四	钢筋	kg	77.39	
五	混凝土	m³	0.34	
六	楼承板	m²	0.47	

单位: m²

序号	项 目	单位	指 标 编 号	2Z-074	
				装配率75%（桁架结构）	
				金额	占指标基价比例（%）
	指 标 基 价	元		6 805.17	100
一	建筑工程费用	元		5 635.75	83
二	安装工程费用	元		0.00	0
三	设备购置费	元		0.00	0
四	工程建设其他费	元		845.36	12
五	基本预备费	元		324.06	5
建筑安装工程单方造价					
项 目 名 称		单位		金额	占建安工程费比例（%）
一	人工费	元		875.38	16
二	材料费	元		3 123.29	55
三	机械费	元		137.66	2
四	综合费	元		1 034.08	18
五	税金	元		465.34	8
人工、主要材料单方用量					
项 目 名 称		单位		单方用量	
一	人工	工日		7.45	
二	钢构件	kg		110.68	
三	防火涂料	kg		30.28	
四	钢筋	kg		74.95	
五	混凝土	m³		0.34	
六	楼承板	m²		0.66	

单位：m²

序号	指 标 编 号		2Z-075	
	项　目	单位	装配率90%（桁架结构）	
			金额	占指标基价比例（%）
	指 标 基 价	元	6 984.81	100
一	建筑工程费用	元	5 784.52	83
二	安装工程费用	元	0.00	0
三	设备购置费	元	0.00	0
四	工程建设其他费	元	867.68	12
五	基本预备费	元	332.61	5
建筑安装工程单方造价				
	项 目 名 称	单位	金额	占建安工程费比例（%）
一	人工费	元	776.68	13
二	材料费	元	3 311.12	57
三	机械费	元	157.72	3
四	综合费	元	1 061.38	18
五	税金	元	477.62	8
人工、主要材料单方用量				
	项 目 名 称	单位	单方用量	
一	人工	工日	6.61	
二	钢构件	kg	110.68	
三	防火涂料	kg	30.28	
四	钢筋	kg	74.95	
五	混凝土	m³	0.34	
六	楼承板	m²	0.66	

单位：m²

序号	指标编号		2Z-076	
	项 目	单位	装配率90%以上（桁架结构）	
			金额	占指标基价比例（%）
	指 标 基 价	元	7 167.42	100
一	建筑工程费用	元	5 935.75	83
二	安装工程费用	元	0.00	0
三	设备购置费	元	0.00	0
四	工程建设其他费	元	890.36	12
五	基本预备费	元	341.31	5
建筑安装工程单方造价				
项 目 名 称		单位	金额	占建安工程费比例（%）
一	人工费	元	739.08	12
二	材料费	元	3 444.62	58
三	机械费	元	172.81	3
四	综合费	元	1 089.13	18
五	税金	元	490.11	8
人工、主要材料单方用量				
项 目 名 称		单位	单方用量	
一	人工	工日	6.29	
二	钢构件	kg	110.68	
三	防火涂料	kg	30.28	
四	钢筋	kg	74.95	
五	混凝土	m³	0.34	
六	楼承板	m²	0.66	

三、装配式木结构工程投资估算综合指标

1.居住建筑类

（1）轻型木结构

单位：m²

序号	指 标 编 号		3Z-001	
	项　目	单位	50m² 以内	
			金额	占指标基价比例（%）
	指 标 基 价	元	6 193.96	100
一	建筑工程费用	元	5 129.57	83
二	安装工程费用	元	0.00	0
三	设备购置费	元	0.00	0
四	工程建设其他费	元	769.44	12
五	基本预备费	元	294.95	5
建筑安装工程单方造价				
	项 目 名 称	单位	金额	占建安工程费比例（%）
一	人工费	元	1 371.23	27
二	材料费	元	2 237.08	44
三	机械费	元	156.51	3
四	综合费	元	941.21	18
五	税金	元	423.54	8
人工、主要材料单方用量				
	项 目 名 称	单位	单方用量	
一	人工	工日	11.67	
二	结构板	m²	4.06	
三	龙骨、格栅	m³	0.18	
四	五金件	kg	0.88	

单位:m²

序号	指标编号		3Z-002	
	项 目	单位	300m² 以内	
			金额	占指标基价比例（%）
	指 标 基 价	元	5 421.38	100
一	建筑工程费用	元	4 489.76	83
二	安装工程费用	元	0.00	0
三	设备购置费	元	0.00	0
四	工程建设其他费	元	673.46	12
五	基本预备费	元	258.16	5

建筑安装工程单方造价

	项 目 名 称	单位	金额	占建安工程费比例（%）
一	人工费	元	1 232.58	27
二	材料费	元	1 921.32	43
三	机械费	元	141.34	3
四	综合费	元	823.81	18
五	税金	元	370.71	8

人工、主要材料单方用量

	项 目 名 称	单位	单方用量
一	人工	工日	10.49
二	结构板	m²	4.43
三	龙骨、格栅	m³	0.19
四	五金件	kg	0.27

单位：m²

序号	指标编号		3Z-003	
	项目	单位	1 000m² 以内	
			金额	占指标基价比例（%）
	指 标 基 价	元	4 269.49	100
一	建筑工程费用	元	3 535.81	83
二	安装工程费用	元	0.00	0
三	设备购置费	元	0.00	0
四	工程建设其他费	元	530.37	12
五	基本预备费	元	203.31	5
建筑安装工程单方造价				
	项 目 名 称	单位	金额	占建安工程费比例（%）
一	人工费	元	964.68	27
二	材料费	元	1 524.00	43
三	机械费	元	106.41	3
四	综合费	元	648.77	18
五	税金	元	291.95	8
人工、主要材料单方用量				
	项 目 名 称	单位	单方用量	
一	人工	工日	8.21	
二	结构板	m²	3.74	
三	龙骨、格栅	m³	0.10	
四	五金件	kg	0.07	

（2）胶合木结构

单位：m²

序号	指标编号		3Z-004	
	项 目	单位	50m² 以内	
			金额	占指标基价比例（%）
	指 标 基 价	元	6 447.62	100
一	建筑工程费用	元	5 339.64	83
二	安装工程费用	元	0.00	0
三	设备购置费	元	0.00	0
四	工程建设其他费	元	800.95	12
五	基本预备费	元	307.03	5
建筑安装工程单方造价				
	项 目 名 称	单位	金额	占建安工程费比例（%）
一	人工费	元	890.65	17
二	材料费	元	2 904.79	54
三	机械费	元	123.56	2
四	综合费	元	979.75	18
五	税金	元	440.89	8
人工、主要材料单方用量				
	项 目 名 称	单位	单方用量	
一	人工	工日	7.58	
二	预制构件（胶合木）	m³	0.10	
三	结构板	m²	2.61	
四	龙骨、格栅	m³	0.05	
五	五金件	kg	7.79	

单位：m²

序号	指 标 编 号		3Z-005	
	项 目	单位	300m² 以内	
			金额	占指标基价比例（%）
	指 标 基 价	元	5 752.99	100
一	建筑工程费用	元	4 764.38	83
二	安装工程费用	元	0.00	0
三	设备购置费	元	0.00	0
四	工程建设其他费	元	714.66	12
五	基本预备费	元	273.95	5

建筑安装工程单方造价

	项 目 名 称	单位	金额	占建安工程费比例（%）
一	人工费	元	1 300.73	27
二	材料费	元	2 058.35	43
三	机械费	元	137.71	3
四	综合费	元	874.20	18
五	税金	元	393.39	8

人工、主要材料单方用量

	项 目 名 称	单位	单方用量
一	人工	工日	11.07
二	预制构件（胶合木）	m³	0.02
三	结构板	m²	5.69
四	龙骨、格栅	m³	0.18
五	五金件	kg	2.97

单位：m²

序号	指 标 编 号		3Z-006	
	项　目	单位	1 000m² 以内	
			金额	占指标基价比例（％）
	指 标 基 价	元	4 791.01	100
一	建筑工程费用	元	3 967.71	83
二	安装工程费用	元	0.00	0
三	设备购置费	元	0.00	0
四	工程建设其他费	元	595.16	12
五	基本预备费	元	228.14	5

建筑安装工程单方造价

项 目 名 称	单位	金额	占建安工程费比例（％）
一　人工费	元	1 003.45	25
二　材料费	元	1 759.37	44
三　机械费	元	149.26	4
四　综合费	元	728.02	18
五　税金	元	327.61	8

人工、主要材料单方用量

项 目 名 称	单位	单方用量
一　人工	工日	8.54
二　预制构件（胶合木）	m³	0.03
三　结构板	m²	4.08
四　龙骨、格栅	m³	0.07
五　五金件	kg	4.62

2. 公共建筑类

（1）轻型木结构

单位：m²

序号	指标编号		3Z-007	
	项目	单位	50m² 以内	
			金额	占指标基价比例（%）
	指标基价	元	6 407.91	100
一	建筑工程费用	元	5 306.76	83
二	安装工程费用	元	0.00	0
三	设备购置费	元	0.00	0
四	工程建设其他费	元	796.01	12
五	基本预备费	元	305.14	5
建筑安装工程单方造价				
	项目名称	单位	金额	占建安工程费比例（%）
一	人工费	元	1 300.73	25
二	材料费	元	2 457.89	46
三	机械费	元	136.25	3
四	综合费	元	973.72	18
五	税金	元	438.17	8
人工、主要材料单方用量				
	项目名称	单位	单方用量	
一	人工	工日	11.07	
二	结构板	m²	6.47	
三	龙骨、格栅	m³	0.14	
四	五金件	kg	9.69	

单位：m²

序号	指标编号		3Z-008	
	项　目	单位	300m² 以内	
			金额	占指标基价比例（%）
	指 标 基 价	元	6 055.38	100
一	建筑工程费用	元	5 014.81	83
二	安装工程费用	元	0.00	0
三	设备购置费	元	0.00	0
四	工程建设其他费	元	752.22	12
五	基本预备费	元	288.35	5
建筑安装工程单方造价				
	项 目 名 称	单位	金额	占建安工程费比例（%）
一	人工费	元	1 238.45	25
二	材料费	元	2 294.07	46
三	机械费	元	148.07	3
四	综合费	元	920.15	18
五	税金	元	414.07	8
人工、主要材料单方用量				
	项 目 名 称	单位	单方用量	
一	人工	工日	10.54	
二	结构板	m²	3.43	
三	龙骨、格栅	m³	0.19	
四	五金件	kg	3.70	

单位：m²

序号	指标编号		3Z-009	
	项 目	单位	1 000m² 以内	
			金额	占指标基价比例（%）
	指 标 基 价	元	5 674.95	100
一	建筑工程费用	元	4 699.75	83
二	安装工程费用	元	0.00	0
三	设备购置费	元	0.00	0
四	工程建设其他费	元	704.96	12
五	基本预备费	元	270.24	5
建筑安装工程单方造价				
	项 目 名 称	单位	金额	占建安工程费比例（%）
一	人工费	元	1 271.35	27
二	材料费	元	2 023.22	43
三	机械费	元	154.79	3
四	综合费	元	862.34	18
五	税金	元	388.05	8
人工、主要材料单方用量				
	项 目 名 称	单位	单方用量	
一	人工	工日	10.82	
二	结构板	m²	3.93	
三	龙骨、格栅	m³	0.14	
四	五金件	kg	0.14	

（2）胶合木结构

单位：m²

序号	指标编号		3Z-010	
	项　目	单位	50m² 以内	
			金额	占指标基价比例（%）
	指 标 基 价	元	6 419.69	100
一	建筑工程费用	元	5 316.51	83
二	安装工程费用	元	0.00	0
三	设备购置费	元	0.00	0
四	工程建设其他费	元	797.48	12
五	基本预备费	元	305.70	5

建筑安装工程单方造价

	项 目 名 称	单位	金额	占建安工程费比例（%）
一	人工费	元	1 343.03	25
二	材料费	元	2 429.79	46
三	机械费	元	129.20	2
四	综合费	元	975.51	18
五	税金	元	438.98	8

人工、主要材料单方用量

	项 目 名 称	单位	单方用量
一	人工	工日	11.43
二	预制构件（胶合木）	m³	0.02
三	结构板	m²	8.07
四	龙骨、格栅	m³	0.15
五	五金件	kg	6.50

单位：m²

序号	指 标 编 号		3Z-011	
	项 目	单位	300m² 以内	
			金额	占指标基价比例（%）
	指 标 基 价	元	6 770.97	100
一	建筑工程费用	元	5 607.43	83
二	安装工程费用	元	0.00	0
三	设备购置费	元	0.00	0
四	工程建设其他费	元	841.11	12
五	基本预备费	元	322.43	5
建筑安装工程单方造价				
	项 目 名 称	单位	金额	占建安工程费比例（%）
一	人工费	元	1 479.33	26
二	材料费	元	2 509.29	45
三	机械费	元	126.92	2
四	综合费	元	1 028.89	18
五	税金	元	463.00	8
人工、主要材料单方用量				
	项 目 名 称	单位	单方用量	
一	人工	工日	12.59	
二	预制构件（胶合木）	m³	0.05	
三	结构板	m²	3.89	
四	龙骨、格栅	m³	0.13	
五	五金件	kg	1.57	

单位：m²

序号	指 标 编 号		3Z-012	
	项 目	单位	1 000m² 以内	
			金额	占指标基价比例（%）
	指 标 基 价	元	7 764.50	100
一	建筑工程费用	元	6 430.23	83
二	安装工程费用	元	0.00	0
三	设备购置费	元	0.00	0
四	工程建设其他费	元	964.53	12
五	基本预备费	元	369.74	5

建筑安装工程单方造价

	项 目 名 称	单位	金额	占建安工程费比例（%）
一	人工费	元	1 418.23	22
二	材料费	元	3 157.76	49
三	机械费	元	143.44	2
四	综合费	元	1 179.86	18
五	税金	元	530.94	8

人工、主要材料单方用量

	项 目 名 称	单位	单方用量
一	人工	工日	12.07
二	预制构件（胶合木）	m³	0.10
三	结构板	m²	4.09
四	龙骨、格栅	m³	0.15
五	五金件	kg	23.93

单位：m²

序号	指标编号		3Z-013	
	项 目	单位	1 000m² 以外（层高 8m 以内）	
			金额	占指标基价比例（%）
	指 标 基 价	元	8 083.86	100
一	建筑工程费用	元	6 694.70	83
二	安装工程费用	元	0.00	0
三	设备购置费	元	0.00	0
四	工程建设其他费	元	1 004.21	12
五	基本预备费	元	384.95	5

建筑安装工程单方造价

	项 目 名 称	单位	金额	占建安工程费比例（%）
一	人工费	元	1 781.30	27
二	材料费	元	2 970.06	44
三	机械费	元	162.18	2
四	综合费	元	1 228.39	18
五	税金	元	552.77	8

人工、主要材料单方用量

	项 目 名 称	单位	单方用量
一	人工	工日	15.16
二	预制构件（胶合木）	m³	0.17
三	结构板	m²	1.70
四	龙骨、格栅	m³	0.09
五	五金件	kg	9.97

单位：m²

序号	指 标 编 号			3Z-014	
	项　　目	单位		1 000m² 以外（层高 8m 以上）	
				金额	占指标基价比例（%）
	指 标 基 价	元		10 634.23	100
一	建筑工程费用	元		8 806.82	83
二	安装工程费用	元		0.00	0
三	设备购置费	元		0.00	0
四	工程建设其他费	元		1 321.02	12
五	基本预备费	元		506.39	5
建筑安装工程单方造价					
	项 目 名 称	单位		金额	占建安工程费比例（%）
一	人工费	元		1 250.20	14
二	材料费	元		5 002.02	57
三	机械费	元		211.50	2
四	综合费	元		1 615.93	18
五	税金	元		727.17	8
人工、主要材料单方用量					
	项 目 名 称	单位		单方用量	
一	人工	工日		10.64	
二	预制构件（胶合木）	m³		0.24	
三	结构板	m²		3.06	
四	龙骨、格栅	m³		0.02	
五	五金件	kg		35.67	

第三章　室外及配套工程综合参考指标

说　明

一、本章综合参考指标为室外及配套工程部分,包括园林景观工程、室外道路工程、围墙工程、供配电配套工程、新建住宅供电配套工程、燃气配套工程、供水配套工程、市政管线工程、智能化工程、太阳能工程、有线电视工程、电信工程、网络工程、门牌号、信报箱等。

二、本章综合参考指标仅供参考,若与该地区实际差异较大时,以当地指标为准。

三、其他有关说明:

1. 园林景观工程包括园林绿化(绿化地整理、乔木、灌木、地被种植、一年保养)、泛光照明、交通设施、交通指示牌、景观工程,按非建筑基底面积计算(即建筑用地红线面积减建筑基底面积)。

2. 室外道路工程包括车行道路工程和人行道路工程。车行道路工程包括场地平整土方、路基修整铺筑、路面铺筑,含平石、偏沟及措施费(不含大型土方及软基处理);人行道路工程包括场地平整土方、绿道及人行道铺设、侧石、树池铺设及措施费,按非建筑基底面积计算。

3. 围墙工程包括混凝土柱、钢围栏,按围墙周长计算。

4. 供配电配套工程包括开闭所至专用配电房高压电缆及桥架采购及铺设、开闭所至专用配电房高压电缆室外通道建设(土方开挖、回填、电缆保护管、电缆井、电缆管沟及盖板等通道附件制作与安装)、配电柜安装、电缆终端头制作等,按建筑面积计算。

5. 新建住宅供电配套工程包括从电网供电电源接入点至居民电能计量装置(含电表及表箱),按建筑面积计算。

6. 燃气配套工程包括土方开挖、回填、余土外运、铺管、管道试压等,按"户"计算。

7. 供水配套工程包括土方开挖、回填、余土外运、管路修筑、管道铺设、居民住宅用水表等,按建筑面积计算。

8. 市政管线工程包括室外给水、排水、挖管沟、化粪池等,按建筑面积计算。

9. 智能化工程包括可视对讲系统、门禁系统、视频监控系统、无线电子巡更管理系统、信息发布系统、周界防越报警系统、出入口停车管理系统、室外弱电管群等,按建筑面积计算。

10. 其他工程包括太阳能工程、有线电视工程、电信工程、网络工程、门牌号、信报箱,按户计算。

室外及配套工程综合参考指标

序号	工程类别	单位	指标参考范围值	指标参考值
1	园林景观工程	元 /m²	200 ~ 500	250
2	室外道路工程	元 /m²	200 ~ 400	250
3	围墙工程	元 /m	550 ~ 1 200	850
4	供配电配套工程	元 /m²	35 ~ 80	50
5	新建住宅供电配套工程	元 /m²	100 ~ 170	140
6	燃气配套工程	元 / 户	2 500 ~ 4 000	3 000
7	供水配套工程	元 /m²	50 ~ 150	100
8	太阳能工程	元 / 户	1 200 ~ 3 500	2 800
9	有线电视工程	元 / 户	250 ~ 400	320
10	电信工程、网络工程	元 / 户	250 ~ 400	320
11	市政管线工程	元 /m²	28 ~ 60	40
12	智能化工程	元 /m²	15 ~ 40	20
13	门牌号、信报箱	元 / 户	200 ~ 500	350

第四章 ±0以上建筑工程分项调整指标

说　明

一、±0 以上分项调整指标包括装配式混凝土结构工程、装配式钢结构工程、装配式木结构工程。根据《装配式建筑评价标准》GB/T 51129—2017 划分为主体结构、围护墙和内隔墙、装修和安装工程三个分项调整指标。

二、分项调整指标按地上建筑面积以"m²"计。

三、主体结构分项调整指标主要包含柱、支撑、承重墙、延性墙板等竖向构件及梁、板、楼梯、阳台、空调板等构件。

四、围护墙和内隔墙分项调整指标主要是指非承重围护墙及内隔墙。

五、装修和安装工程参考指标中装修费用包含门窗工程、屋面防水工程、保温、隔热工程、楼地面装饰工程、墙柱面装饰、天棚工程、涂料等达到建筑使用功能和性能的基本要求的建筑装修装饰工程费用，安装费用包含电气工程、给排水工程、通风工程、消防工程、电梯工程费用。

六、装修和安装工程为参考指标，如相应费用与本指标不同时可按实际工程调整。

七、各节说明如下：

1. 装配式混凝土结构工程：

（1）装配式混凝土结构工程主体结构主要由预制柱、预制墙、叠合板、预制楼梯、预制阳台、预制空调板等构件组成。

（2）居住建筑分项调整指标装修工程建安工程费按 1 300 元 /m² 计入，安装工程建安工程费按 300 元 /m² 计入。公共建筑分项调整指标装修工程建安工程费按 1 500 元 /m² 计入，安装工程建安工程费按 700 元 /m² 计入。如相应费用与本指标不同时，可按实际工程调整。

（3）实际工程主要工程量计算规则：

1）预制混凝土构件单方工程量按成品构件设计图示尺寸的实体积除以地上建筑面积计算，依附于构件制作的各类保温层、饰面层的体积并入相应构件中计算，不扣除构件内钢筋、预埋铁件、配管、套管、线盒及单个面积小于或等于 0.3m² 的孔洞、线箱等所占体积，构件外露钢筋体积亦不再增加。

2）围护墙及内隔墙单方工程量按设计图示尺寸的实体积除以地上建筑面积计算，不扣除小于或等于 0.3m² 的孔洞所占体积。

2. 装配式钢结构工程：

（1）装配式钢结构工程主体结构主要由预制钢柱、预制钢梁、金属楼承板（压型钢板、钢筋桁架楼承板）组成。

（2）围护墙与内隔墙常采用传统加气混凝土砌块、轻钢龙骨复合墙体、ALC 墙板、PC 预制混凝土板、玻璃幕墙等其他一类或者几类组成。

（3）居住建筑分项调整指标装修工程建安工程费按 1 300 元 /m² 计入，公共建筑分项调整指标装修工程建安工程费按 1 500 元 /m² 计入。装配率 90% 及 90% 以上装配式建筑工程项目的装修应用一定比例干法楼地面、集成厨房、集成卫生间、管线分离等干式工法，则分项指标装修费用按装修工程建安工程费基础增量 150 元 /m² 及 300 元 /m² 考虑；如相应费用与本指标不同时，可按实际工程调整。

（4）居住建筑分项调整指标安装工程建安工程费按 300 元 /m² 计入，公共建筑分项调整指标安装工程建安工程费按 700 元 /m² 计入，如相应费用与本指标不同时，可按实际工程调整。

（5）实际工程主要工程量计算规则：

1）预制钢构件单方工程量按成品构件的设计图示尺寸的质量除以地上建筑面积计算，不扣除单个面积小于或等于 0.3m² 的孔洞质量，焊缝、铆钉、螺栓等不另增加质量。依附在钢柱上的牛腿及悬臂梁的质量等并入钢柱的质量内，钢柱上的脚板、加劲板、柱顶板、隔板、肋板并入钢柱工程量内。钢管柱上的节点板、加强环、内衬板（管）、牛腿等并入钢管柱的质量内。钢楼梯的工程量包括楼梯平台、楼梯梁、楼梯踏步等的质量，钢楼梯上的扶手、栏杆并入钢楼梯工程量内。

2）围护结构体系中 ALC 墙板、PC 预制混凝土板单方工程量按设计图纸尺寸的实体积除以地上建筑面积计算，不扣除单个面积小于或等于 $0.3m^2$ 的孔洞所占的体积。轻钢龙骨复合墙体、玻璃幕墙按设计图示的墙体面积以 "m^2" 计算，不扣除单个面积小于或等于 $0.3m^2$ 的孔洞所占的面积。

3. 装配式木结构工程：

（1）装配式木结构工程主体结构主要由结构板、龙骨、格栅、五金件等构件组成。

（2）居住建筑分项调整指标装修工程建安工程费按 1 300 元 $/m^2$ 计入，居住建筑分项调整指标安装工程建安工程费按 300 元 $/m^2$ 计入。公共建筑分项调整指标装修工程建安工程费按 1 500 元 $/m^2$ 计入，公共建筑分项调整指标安装工程建安工程费按 700 元 $/m^2$ 计入，如相应费用与本指标不同时可按实际工程调整。

（3）实际工程主要工程量计算规则：

1）屋架按设计图示尺寸以体积计算。

2）木屋面结构板工程量按设计图示尺寸以屋面斜面积计算，不扣除屋面烟囱、风帽底座、风道、小气窗及斜沟等所占面积。

3）木柱、木梁按设计图示尺寸以体积计算，不扣除开槽打孔的孔洞所占体积。

4）木墙体龙骨按设计规格、间距以立面面积计算。

5）木墙体结构板按设计图示尺寸以立面面积计算。

6）木楼梯按设计图示尺寸以水平投影面积计算，不扣除宽度小于或等于 300mm 的楼梯井。

一、装配式混凝土结构工程投资估算分项调整指标

1.居住建筑类

（1）低层或多层居住类

单位：m²

序号	指 标 编 号		1F-001（1）	
	项　目	单位	装配率15%（剪力墙结构）	
			主体结构	
			金额	占指标基价比例（％）
	指 标 基 价	元	1 568.29	100
一	建筑工程费用	元	1 298.79	83
二	安装工程费用	元	0.00	0
三	设备购置费	元	0.00	0
四	工程建设其他费	元	194.82	12
五	基本预备费	元	74.68	5
建筑安装工程单方造价				
	项 目 名 称	单位	金额	
一	人工费	元	189.18	
二	材料费	元	723.08	
三	机械费	元	40.98	
四	综合费	元	238.31	
五	税金	元	107.24	
人工、主要材料单方用量				
	项 目 名 称	单位	单价	数量	合价
一	人工	工日	117.50	1.61	189.18
二	预制混凝土构件	m³	4 078.80	0.08	326.30
三	现浇钢筋	kg	4.34	33.11	143.70
四	现浇混凝土	m³	482.20	0.25	120.55

单位:m²

序号	指 标 编 号		1F-001（2）	
	项　　目	单位	装配率15%（剪力墙结构）	
			内隔墙	
			金额	占指标基价比例（%）
	指 标 基 价	元	216.69	100
一	建筑工程费用	元	179.45	83
二	安装工程费用	元	0.00	0
三	设备购置费	元	0.00	0
四	工程建设其他费	元	26.92	12
五	基本预备费	元	10.32	5
建筑安装工程单方造价				
	项 目 名 称	单位	金额	
一	人工费	元	25.85	
二	材料费	元	105.51	
三	机械费	元	0.34	
四	综合费	元	32.93	
五	税金	元	14.82	
人工、主要材料单方用量				
	项 目 名 称	单位	单价	数量	合价
一	人工	工日	117.50	0.22	25.85
二	砌体	m³	478.80	0.21	100.55

单位：m²

序号	指 标 编 号		1F-002（1）	
	项 目	单位	装配率30%（剪力墙结构）	
			主体结构	
			金额	占指标基价比例（%）
	指 标 基 价	元	1 690.67	100
一	建筑工程费用	元	1 400.14	83
二	安装工程费用	元	0.00	0
三	设备购置费	元	0.00	0
四	工程建设其他费	元	210.02	12
五	基本预备费	元	80.51	5

建筑安装工程单方造价

序号	项 目 名 称	单位	金额
一	人工费	元	184.48
二	材料费	元	801.81
三	机械费	元	41.33
四	综合费	元	256.91
五	税金	元	115.61

人工、主要材料单方用量

序号	项 目 名 称	单位	单价	数量	合价
一	人工	工日	117.50	1.57	184.48
二	预制混凝土构件	m³	4 078.80	0.11	448.67
三	现浇钢筋	kg	4.34	31.68	137.49
四	现浇混凝土	m³	482.20	0.24	115.73

单位:m^2

序号	指 标 编 号		1F-002（2）	
	项 目	单位	装配率30%（剪力墙结构）	
			内隔墙	
			金额	占指标基价比例（%）
	指 标 基 价	元	216.69	100
一	建筑工程费用	元	179.45	83
二	安装工程费用	元	0.00	0
三	设备购置费	元	0.00	0
四	工程建设其他费	元	26.92	12
五	基本预备费	元	10.32	5

建筑安装工程单方造价			
项 目 名 称	单位	金额	
一	人工费	元	25.85
二	材料费	元	105.51
三	机械费	元	0.34
四	综合费	元	32.93
五	税金	元	14.82

人工、主要材料单方用量				
项 目 名 称	单位	单价	数量	合价
一	人工	工日	117.50	0.22	25.85
二	砌体	m^3	478.80	0.21	100.55

单位：m²

指 标 编 号		1F-003（1）	
序号	项 目	单位	装配率50%（剪力墙结构）
			主体结构
			金额	占指标基价比例（%）
	指 标 基 价	元	2 040.81	100
一	建筑工程费用	元	1 690.11	83
二	安装工程费用	元	0.00	0
三	设备购置费	元	0.00	0
四	工程建设其他费	元	253.52	12
五	基本预备费	元	97.18	5

建筑安装工程单方造价

项 目 名 称	单位	金额
一 人工费	元	164.50
二 材料费	元	1 026.65
三 机械费	元	49.30
四 综合费	元	310.11
五 税金	元	139.55

人工、主要材料单方用量

项 目 名 称	单位	单价	数量	合价
一 人工	工日	117.50	1.40	164.50
二 预制混凝土构件	m³	4 078.80	0.15	611.82
三 现浇钢筋	kg	4.34	29.04	126.03
四 现浇混凝土	m³	482.20	0.22	106.08

单位:m^2

序号	指标编号		1F-003（2）	
	项　目	单位	装配率50%（剪力墙结构）	
			内隔墙	
			金额	占指标基价比例（%）
	指 标 基 价	元	165.52	100
一	建筑工程费用	元	137.08	83
二	安装工程费用	元	0.00	0
三	设备购置费	元	0.00	0
四	工程建设其他费	元	20.56	12
五	基本预备费	元	7.88	5
建筑安装工程单方造价				
	项 目 名 称	单位	金额	
一	人工费	元	19.98	
二	材料费	元	80.37	
三	机械费	元	0.26	
四	综合费	元	25.15	
五	税金	元	11.32	
人工、主要材料单方用量				
	项 目 名 称	单位	单价	数量	合价
一	人工	工日	117.50	0.17	19.98
二	砌体	m^3	478.80	0.16	76.61

单位：m²

序号	指 标 编 号		1F-004（1）	
	项 目	单位	装配率 60%（剪力墙结构）	
			主体结构	
			金额	占指标基价比例（%）
	指 标 基 价	元	2 159.30	100
一	建筑工程费用	元	1 788.24	83
二	安装工程费用	元	0.00	0
三	设备购置费	元	0.00	0
四	工程建设其他费	元	268.24	12
五	基本预备费	元	102.82	5

建筑安装工程单方造价			
项 目 名 称	单位	金额	
一	人工费	元	148.05
二	材料费	元	1 112.57
三	机械费	元	51.85
四	综合费	元	328.12
五	税金	元	147.65

人工、主要材料单方用量				
项 目 名 称	单位	单价	数量	合价
一	人工	工日	117.50	1.26	148.05
二	预制混凝土构件	m³	4 078.80	0.18	734.18
三	现浇钢筋	kg	4.34	26.40	114.58
四	现浇混凝土	m³	482.20	0.20	96.44

单位：m²

序号	指　标　编　号		1F-004（2）	
	项　　目	单位	装配率 60%（剪力墙结构）	
			内隔墙	
			金额	占指标基价比例（%）
	指　标　基　价	元	165.52	100
一	建筑工程费用	元	137.08	83
二	安装工程费用	元	0.00	0
三	设备购置费	元	0.00	0
四	工程建设其他费	元	20.56	12
五	基本预备费	元	7.88	5

建筑安装工程单方造价			
项　目　名　称	单位	金额	
一	人工费	元	19.98
二	材料费	元	80.37
三	机械费	元	0.26
四	综合费	元	25.15
五	税金	元	11.32

人工、主要材料单方用量				
项　目　名　称	单位	单价	数量	合价
一	人工	工日	117.50	0.17	19.98
二	砌体	m³	478.80	0.16	76.61

单位:m²

序号	指 标 编 号			1F-005（1）	
	项　目	单位		装配率70%（剪力墙结构）	
				主体结构	
				金额	占指标基价比例（%）
	指 标 基 价	元		2 258.56	100
一	建筑工程费用	元		1 870.44	83
二	安装工程费用	元		0.00	0
三	设备购置费	元		0.00	0
四	工程建设其他费	元		280.57	12
五	基本预备费	元		107.55	5
建筑安装工程单方造价					
	项 目 名 称	单位		金额	
一	人工费	元		146.88	
二	材料费	元		1 172.93	
三	机械费	元		52.99	
四	综合费	元		343.20	
五	税金	元		154.44	
人工、主要材料单方用量					
	项 目 名 称	单位	单价	数量	合价
一	人工	工日	117.50	1.25	146.88
二	预制混凝土构件	m³	4 078.80	0.20	815.76
三	现浇钢筋	kg	4.34	23.76	103.12
四	现浇混凝土	m³	482.20	0.18	86.80

单位:m²

序号	指 标 编 号		1F-005(2)	
	项　目	单位	装配率70%(剪力墙结构)	
			内隔墙	
			金额	占指标基价比例（%）
	指　标　基　价	元	165.52	100
一	建筑工程费用	元	137.08	83
二	安装工程费用	元	0.00	0
三	设备购置费	元	0.00	0
四	工程建设其他费	元	20.56	12
五	基本预备费	元	7.88	5
建筑安装工程单方造价				
	项 目 名 称	单位	金额	
一	人工费	元	19.98	
二	材料费	元	80.37	
三	机械费	元	0.26	
四	综合费	元	25.15	
五	税金	元	11.32	
人工、主要材料单方用量				
	项 目 名 称	单位	单价	数量	合价
一	人工	工日	117.50	0.17	19.98
二	砌体	m³	478.80	0.16	76.61

（2）高层居住类

单位：m²

序号	指标编号		1F-006（1）	
	项 目	单位	装配率15%（框剪结构）	
			主体结构	
			金额	占指标基价比例（%）
	指 标 基 价	元	1 791.45	100
一	建筑工程费用	元	1 483.60	83
二	安装工程费用	元	0.00	0
三	设备购置费	元	0.00	0
四	工程建设其他费	元	222.54	12
五	基本预备费	元	85.31	5

建筑安装工程单方造价

序号	项目名称	单位	金额	
一	人工费	元	258.50	
二	材料费	元	787.44	
三	机械费	元	42.94	
四	综合费	元	272.22	
五	税金	元	122.50	

人工、主要材料单方用量

序号	项目名称	单位	单价	数量	合价
一	人工	工日	117.50	2.20	258.50
二	预制混凝土构件	m³	4 078.80	0.09	367.09
三	现浇钢筋	kg	4.34	36.45	158.19
四	现浇混凝土	m³	482.20	0.27	130.19

单位：m²

序号	指 标 编 号		1F-006（2）	
	项 目	单位	装配率15%（框剪结构）	
			内隔墙	
			金额	占指标基价比例（%）
	指 标 基 价	元	249.25	100
一	建筑工程费用	元	206.42	83
二	安装工程费用	元	0.00	0
三	设备购置费	元	0.00	0
四	工程建设其他费	元	30.96	12
五	基本预备费	元	11.87	5

建筑安装工程单方造价			
项 目 名 称	单位	金额	
一	人工费	元	30.55
二	材料费	元	120.56
三	机械费	元	0.39
四	综合费	元	37.88
五	税金	元	17.04

人工、主要材料单方用量				
项 目 名 称	单位	单价	数量	合价
一	人工	工日	117.50	0.26	30.55
二	砌体	m³	478.80	0.24	114.91

单位：m²

序号	指 标 编 号		1F-007（1）	
	项 目	单位	装配率30%（框剪结构）	
			主体结构	
			金额	占指标基价比例（%）
	指 标 基 价	元	1 896.15	100
一	建筑工程费用	元	1 570.31	83
二	安装工程费用	元	0.00	0
三	设备购置费	元	0.00	0
四	工程建设其他费	元	235.55	12
五	基本预备费	元	90.29	5
建筑安装工程单方造价				
	项 目 名 称	单位	金额	
一	人工费	元	238.53	
二	材料费	元	870.78	
三	机械费	元	43.21	
四	综合费	元	288.13	
五	税金	元	129.66	
人工、主要材料单方用量				
	项 目 名 称	单位	单价	数量	合价
一	人工	工日	117.50	2.03	238.53
二	预制混凝土构件	m³	4 078.80	0.12	489.46
三	现浇钢筋	kg	4.34	33.75	146.48
四	现浇混凝土	m³	482.20	0.25	120.55

单位：m²

序号	指 标 编 号		1F-007（2）	
	项 目	单位	装配率30%（框剪结构）	
			内隔墙	
			金额	占指标基价比例（%）
	指 标 基 价	元	249.25	100
一	建筑工程费用	元	206.42	83
二	安装工程费用	元	0.00	0
三	设备购置费	元	0.00	0
四	工程建设其他费	元	30.96	12
五	基本预备费	元	11.87	5
建筑安装工程单方造价				
	项 目 名 称	单位	金额	
一	人工费	元	30.55	
二	材料费	元	120.56	
三	机械费	元	0.39	
四	综合费	元	37.88	
五	税金	元	17.04	

人工、主要材料单方用量					
项 目 名 称	单位	单价	数量	合价	
一	人工	工日	117.50	0.26	30.55
二	砌体	m³	478.80	0.24	114.91

单位:m²

序号	指 标 编 号		1F-008（1）	
	项 目	单位	装配率50%（框剪结构）	
			主体结构	
			金额	占指标基价比例（%）
	指 标 基 价	元	2 230.19	100
一	建筑工程费用	元	1 846.95	83
二	安装工程费用	元	0.00	0
三	设备购置费	元	0.00	0
四	工程建设其他费	元	277.04	12
五	基本预备费	元	106.20	5
建筑安装工程单方造价				
	项 目 名 称	单位	金额	
一	人工费	元	233.83	
二	材料费	元	1 068.04	
三	机械费	元	53.69	
四	综合费	元	338.89	
五	税金	元	152.50	

人工、主要材料单方用量					
	项 目 名 称	单位	单价	数量	合价
一	人工	工日	117.50	1.99	233.83
二	预制混凝土构件	m³	4 078.80	0.18	734.18
三	现浇钢筋	kg	4.34	29.70	128.90
四	现浇混凝土	m³	482.20	0.22	106.08

单位：m²

序号	指 标 编 号		1F-008（2）	
	项　　目	单位	装配率 50%（框剪结构）	
			内隔墙	
			金额	占指标基价比例（%）
	指 标 基 价	元	196.19	100
一	建筑工程费用	元	162.48	83
二	安装工程费用	元	0.00	0
三	设备购置费	元	0.00	0
四	工程建设其他费	元	24.37	12
五	基本预备费	元	9.34	5
建筑安装工程单方造价				
	项 目 名 称	单位	金额	
一	人工费	元	23.50	
二	材料费	元	95.44	
三	机械费	元	0.31	
四	综合费	元	29.81	
五	税金	元	13.42	
人工、主要材料单方用量				
	项 目 名 称	单位	单价	数量	合价
一	人工	工日	117.50	0.20	23.50
二	砌体	m³	478.80	0.19	90.97

单位：m²

序号	指标编号		1F-009（1）	
	项 目	单位	装配率60%（框剪结构）	
			主体结构	
			金额	占指标基价比例（%）
	指 标 基 价	元	2 360.58	100
一	建筑工程费用	元	1 954.93	83
二	安装工程费用	元	0.00	0
三	设备购置费	元	0.00	0
四	工程建设其他费	元	293.24	12
五	基本预备费	元	112.41	5
建筑安装工程单方造价				
	项 目 名 称	单位	金额	
一	人工费	元	227.95	
二	材料费	元	1 151.34	
三	机械费	元	55.52	
四	综合费	元	358.70	
五	税金	元	161.42	
人工、主要材料单方用量				
	项 目 名 称	单位	单价	数量	合价
一	人工	工日	117.50	1.94	227.95
二	预制混凝土构件	m³	4 078.80	0.22	897.34
三	现浇钢筋	kg	4.34	24.30	105.46
四	现浇混凝土	m³	482.20	0.18	86.80

单位：m²

序号	指标编号		1F-009（2）	
	项　目	单位	装配率60%（框剪结构）	
			内隔墙	
			金额	占指标基价比例（%）
	指 标 基 价	元	196.19	100
一	建筑工程费用	元	162.48	83
二	安装工程费用	元	0.00	0
三	设备购置费	元	0.00	0
四	工程建设其他费	元	24.37	12
五	基本预备费	元	9.34	5

建筑安装工程单方造价

	项 目 名 称	单位	金额
一	人工费	元	23.50
二	材料费	元	95.44
三	机械费	元	0.31
四	综合费	元	29.81
五	税金	元	13.42

人工、主要材料单方用量

	项 目 名 称	单位	单价	数量	合价
一	人工	工日	117.50	0.20	23.50
二	砌体	m³	478.80	0.19	90.97

单位：m²

序号	项 目	单位	指标编号	1F-010（1）
			装配率70%（框剪结构）	
			主体结构	
			金额	占指标基价比例（%）
	指 标 基 价	元	2 428.05	100
一	建筑工程费用	元	2 010.81	83
二	安装工程费用	元	0.00	0
三	设备购置费	元	0.00	0
四	工程建设其他费	元	301.62	12
五	基本预备费	元	115.62	5

建筑安装工程单方造价

序号	项 目 名 称	单位	金额
一	人工费	元	223.25
二	材料费	元	1 195.09
三	机械费	元	57.48
四	综合费	元	368.96
五	税金	元	166.03

人工、主要材料单方用量

序号	项 目 名 称	单位	单价	数量	合价
一	人工	工日	117.50	1.90	223.25
二	预制混凝土构件	m³	4 078.80	0.24	978.91
三	现浇钢筋	kg	4.34	21.60	93.74
四	现浇混凝土	m³	482.20	0.16	77.15

单位：m²

序号	指 标 编 号		1F-010（2）	
	项　目	单位	装配率70%（框剪结构）	
			内隔墙	
			金额	占指标基价比例（%）
	指 标 基 价	元	196.19	100
一	建筑工程费用	元	162.48	83
二	安装工程费用	元	0.00	0
三	设备购置费	元	0.00	0
四	工程建设其他费	元	24.37	12
五	基本预备费	元	9.34	5

建筑安装工程单方造价

项 目 名 称	单位	金额
一　人工费	元	23.50
二　材料费	元	95.44
三　机械费	元	0.31
四　综合费	元	29.81
五　税金	元	13.42

人工、主要材料单方用量

项 目 名 称	单位	单价	数量	合价
一　人工	工日	117.50	0.20	23.50
二　砌体	m³	478.80	0.19	90.97

单位：m²

序号	项　目	单位	指 标 编 号	1F-011（1）
			装配率15%（剪力墙结构）	
			主体结构	
			金额	占指标基价比例（%）
	指 标 基 价	元	1 895.68	100
一	建筑工程费用	元	1 569.92	83
二	安装工程费用	元	0.00	0
三	设备购置费	元	0.00	0
四	工程建设其他费	元	235.49	12
五	基本预备费	元	90.27	5

建筑安装工程单方造价			
	项 目 名 称	单位	金额
一	人工费	元	279.65
二	材料费	元	811.02
三	机械费	元	61.56
四	综合费	元	288.06
五	税金	元	129.63

人工、主要材料单方用量				
	项 目 名 称	单位	单价	数量	合价
一	人工	工日	117.50	2.38	279.65
二	预制混凝土构件	m³	4 078.80	0.09	367.09
三	现浇钢筋	kg	4.34	40.60	176.20
四	现浇混凝土	m³	482.20	0.29	139.84

单位：m²

序号	指 标 编 号		1F-011（2）	
	项　目	单位	装配率15%（剪力墙结构）	
			内隔墙	
			金额	占指标基价比例（%）
	指 标 基 价	元	256.77	100
一	建筑工程费用	元	212.64	83
二	安装工程费用	元	0.00	0
三	设备购置费	元	0.00	0
四	工程建设其他费	元	31.90	12
五	基本预备费	元	12.23	5
建筑安装工程单方造价				
	项 目 名 称	单位	金额	
一	人工费	元	30.55	
二	材料费	元	125.30	
三	机械费	元	0.21	
四	综合费	元	39.02	
五	税金	元	17.56	
人工、主要材料单方用量				
	项 目 名 称	单位	单价	数量	合价
一	人工	工日	117.50	0.26	30.55
二	砌体	m³	478.80	0.13	62.24
三	轻质墙板	m²	90.00	0.58	52.20

单位：m²

序号	项 目	单位	指 标 编 号	1F-012（1）
			装配率 30%（剪力墙结构）	
			主体结构	
			金额	占指标基价比例（%）
	指 标 基 价	元	1 998.66	100
一	建筑工程费用	元	1 655.21	83
二	安装工程费用	元	0.00	0
三	设备购置费	元	0.00	0
四	工程建设其他费	元	248.28	12
五	基本预备费	元	95.17	5

建筑安装工程单方造价		
项 目 名 称	单位	金额
一　人工费	元	277.30
二　材料费	元	874.86
三　机械费	元	62.67
四　综合费	元	303.71
五　税金	元	136.67

人工、主要材料单方用量				
项 目 名 称	单位	单价	数量	合价
一　人工	工日	117.50	2.36	277.30
二　预制混凝土构件	m³	4 078.80	0.12	489.46
三　现浇钢筋	kg	4.34	37.80	164.05
四　现浇混凝土	m³	482.20	0.27	130.19

单位:m²

指 标 编 号			1F-012（2）	
序号	项　目	单位	装配率30%（剪力墙结构）	
			内隔墙	
			金额	占指标基价比例（%）
	指 标 基 价	元	256.77	100
一	建筑工程费用	元	212.64	83
二	安装工程费用	元	0.00	0
三	设备购置费	元	0.00	0
四	工程建设其他费	元	31.90	12
五	基本预备费	元	12.23	5

建筑安装工程单方造价

序号	项 目 名 称	单位	金额
一	人工费	元	30.55
二	材料费	元	125.30
三	机械费	元	0.21
四	综合费	元	39.02
五	税金	元	17.56

人工、主要材料单方用量

序号	项 目 名 称	单位	单价	数量	合价
一	人工	工日	117.50	0.26	30.55
二	砌体	m³	478.80	0.13	62.24
三	轻质墙板	m²	90.00	0.58	52.20

单位:m²

序号	指 标 编 号		1F-013(1)	
	项 目	单位	装配率50%(剪力墙结构)	
			主体结构	
			金额	占指标基价比例（%）
	指 标 基 价	元	2 435.44	100
一	建筑工程费用	元	2 016.93	83
二	安装工程费用	元	0.00	0
三	设备购置费	元	0.00	0
四	工程建设其他费	元	302.54	12
五	基本预备费	元	115.97	5
建筑安装工程单方造价				
	项 目 名 称	单位	金额	
一	人工费	元	267.90	
二	材料费	元	1 137.88	
三	机械费	元	74.53	
四	综合费	元	370.08	
五	税金	元	166.54	
人工、主要材料单方用量				
	项 目 名 称	单位	单价	数量	合价
一	人工	工日	117.50	2.28	267.90
二	预制混凝土构件	m³	4 078.80	0.18	734.18
三	现浇钢筋	kg	4.34	36.40	157.98
四	现浇混凝土	m³	482.20	0.26	125.37

单位：m²

序号	指标 编 号		1F-013（2）	
	项　目	单位	装配率50%（剪力墙结构）	
			内隔墙	
			金额	占指标基价比例（%）
	指 标 基 价	元	184.57	100
一	建筑工程费用	元	152.85	83
二	安装工程费用	元	0.00	0
三	设备购置费	元	0.00	0
四	工程建设其他费	元	22.93	12
五	基本预备费	元	8.79	5

建筑安装工程单方造价			
项 目 名 称	单位	金额	
一	人工费	元	21.15
二	材料费	元	90.93
三	机械费	元	0.10
四	综合费	元	28.05
五	税金	元	12.62

人工、主要材料单方用量				
项 目 名 称	单位	单价	数量	合价
一	人工	工日	117.50	0.18	21.15
二	砌体	m³	478.80	0.06	28.73
三	轻质墙板	m²	90.00	0.58	52.20

单位: m²

序号	指 标 编 号			1F-014（1）	
	项　目	单位		装配率60%（剪力墙结构）	
				主体结构	
				金额	占指标基价比例（%）
	指 标 基 价	元		2 574.78	100
一	建筑工程费用	元		2 132.32	83
二	安装工程费用	元		0.00	0
三	设备购置费	元		0.00	0
四	工程建设其他费	元		319.85	12
五	基本预备费	元		122.61	5
建筑安装工程单方造价					
	项 目 名 称	单位		金额	
一	人工费	元		262.03	
二	材料费	元		1 225.36	
三	机械费	元		77.62	
四	综合费	元		391.25	
五	税金	元		176.06	
人工、主要材料单方用量					
	项 目 名 称	单位	单价	数量	合价
一	人工	工日	117.50	2.23	262.03
二	预制混凝土构件	m³	4 078.80	0.21	856.55
三	现浇钢筋	kg	4.34	33.60	145.82
四	现浇混凝土	m³	482.20	0.24	115.73

单位：m²

序号	指 标 编 号		1F-014（2）	
	项 目	单位	装配率60%（剪力墙结构）	
			内隔墙	
			金额	占指标基价比例（%）
	指 标 基 价	元	184.57	100
一	建筑工程费用	元	152.85	83
二	安装工程费用	元	0.00	0
三	设备购置费	元	0.00	0
四	工程建设其他费	元	22.93	12
五	基本预备费	元	8.79	5
建筑安装工程单方造价				
	项 目 名 称	单位	金额	
一	人工费	元	21.15	
二	材料费	元	90.93	
三	机械费	元	0.10	
四	综合费	元	28.05	
五	税金	元	12.62	
人工、主要材料单方用量				
	项 目 名 称	单位	单价	数量	合价
一	人工	工日	117.50	0.18	21.15
二	砌体	m³	478.80	0.06	28.73
三	轻质墙板	m²	90.00	0.58	52.20

单位：m²

序号	指 标 编 号		1F-015（1）	
	项 目	单位	装配率70%（剪力墙结构）	
			主体结构	
			金额	占指标基价比例（%）
	指 标 基 价	元	2 685.18	100
一	建筑工程费用	元	2 223.75	83
二	安装工程费用	元	0.00	0
三	设备购置费	元	0.00	0
四	工程建设其他费	元	333.56	12
五	基本预备费	元	127.87	5
建筑安装工程单方造价				
	项 目 名 称	单位	金额	
一	人工费	元	253.80	
二	材料费	元	1 297.95	
三	机械费	元	80.36	
四	综合费	元	408.03	
五	税金	元	183.61	
人工、主要材料单方用量				
	项 目 名 称	单位	单价	数量	合价
一	人工	工日	117.50	2.16	253.80
二	预制混凝土构件	m³	4 078.80	0.24	978.91
三	现浇钢筋	kg	4.34	29.40	127.60
四	现浇混凝土	m³	482.20	0.21	101.26

单位：m²

序号	指 标 编 号		1F-015（2）	
	项 目	单位	装配率70%（剪力墙结构）	
			内隔墙	
			金额	占指标基价比例（％）
	指 标 基 价	元	184.57	100
一	建筑工程费用	元	152.85	83
二	安装工程费用	元	0.00	0
三	设备购置费	元	0.00	0
四	工程建设其他费	元	22.93	12
五	基本预备费	元	8.79	5

建筑安装工程单方造价

	项 目 名 称	单位	金额
一	人工费	元	21.15
二	材料费	元	90.93
三	机械费	元	0.10
四	综合费	元	28.05
五	税金	元	12.62

人工、主要材料单方用量

	项 目 名 称	单位	单价	数量	合价
一	人工	工日	117.50	0.18	21.15
二	砌体	m³	478.80	0.06	28.73
三	轻质墙板	m²	90.00	0.58	52.20

（3）超高层居住类

单位：m^2

序号	指标编号		1F-016（1）	
	项目	单位	装配率15%（剪力墙结构）	
			主体结构	
			金额	占指标基价比例（%）
	指标基价	元	2 354.00	100
一	建筑工程费用	元	1 949.48	83
二	安装工程费用	元	0.00	0
三	设备购置费	元	0.00	0
四	工程建设其他费	元	292.42	12
五	基本预备费	元	112.10	5
建筑安装工程单方造价				
	项目名称	单位	金额	
一	人工费	元	453.55	
二	材料费	元	889.73	
三	机械费	元	87.53	
四	综合费	元	357.70	
五	税金	元	160.97	
人工、主要材料单方用量				
	项目名称	单位	单价	数量	合价
一	人工	工日	117.50	3.86	453.55
二	预制混凝土构件	m^3	4 078.80	0.09	367.09
三	现浇钢筋	kg	4.34	43.50	188.79
四	现浇混凝土	m^3	482.20	0.29	139.84

单位: m²

序号	指标编号		1F-016（2）	
	项　目	单位	装配率15%（剪力墙结构）	
			内隔墙	
			金额	占指标基价比例（%）
	指 标 基 价	元	249.25	100
一	建筑工程费用	元	206.42	83
二	安装工程费用	元	0.00	0
三	设备购置费	元	0.00	0
四	工程建设其他费	元	30.96	12
五	基本预备费	元	11.87	5
建筑安装工程单方造价				
	项 目 名 称	单位	金额	
一	人工费	元	30.55	
二	材料费	元	120.56	
三	机械费	元	0.39	
四	综合费	元	37.88	
五	税金	元	17.04	
人工、主要材料单方用量				
	项 目 名 称	单位	单价	数量	合价
一	人工	工日	117.50	0.26	30.55
二	砌体	m³	478.80	0.24	114.91

单位：m²

序号	指 标 编 号		1F-017（1）	
	项 目	单位	装配率30%（剪力墙结构）	
			主体结构	
			金额	占指标基价比例（%）
	指 标 基 价	元	2 444.65	100
一	建筑工程费用	元	2 024.56	83
二	安装工程费用	元	0.00	0
三	设备购置费	元	0.00	0
四	工程建设其他费	元	303.68	12
五	基本预备费	元	116.41	5
建筑安装工程单方造价				
	项 目 名 称	单位	金额	
一	人工费	元	450.03	
二	材料费	元	947.83	
三	机械费	元	88.05	
四	综合费	元	371.48	
五	税金	元	167.17	
人工、主要材料单方用量				
	项 目 名 称	单位	单价	数量	合价
一	人工	工日	117.50	3.83	450.03
二	预制混凝土构件	m³	4 078.80	0.12	489.46
三	现浇钢筋	kg	4.34	42.00	182.28
四	现浇混凝土	m³	482.20	0.28	135.02

单位：m²

序号	项 目	单位	指 标 编 号	1F-017（2）
			装配率30%（剪力墙结构）	
			内隔墙	
			金额	占指标基价比例（%）
	指 标 基 价	元	249.25	100
一	建筑工程费用	元	206.42	83
二	安装工程费用	元	0.00	0
三	设备购置费	元	0.00	0
四	工程建设其他费	元	30.96	12
五	基本预备费	元	11.87	5

建筑安装工程单方造价

	项 目 名 称	单位	金额
一	人工费	元	30.55
二	材料费	元	120.56
三	机械费	元	0.39
四	综合费	元	37.88
五	税金	元	17.04

人工、主要材料单方用量

	项 目 名 称	单位	单价	数量	合价
一	人工	工日	117.50	0.26	30.55
二	砌体	m³	478.80	0.24	114.91

单位：m²

序号	指 标 编 号		1F-018（1）	
	项 目	单位	装配率50%（剪力墙结构）	
			主体结构	
			金额	占指标基价比例（%）
	指 标 基 价	元	2 882.92	100
一	建筑工程费用	元	2 387.51	83
二	安装工程费用	元	0.00	0
三	设备购置费	元	0.00	0
四	工程建设其他费	元	358.13	12
五	基本预备费	元	137.28	5

建筑安装工程单方造价			
项 目 名 称	单位	金额	
一	人工费	元	428.88
二	材料费	元	1 220.89
三	机械费	元	102.53
四	综合费	元	438.08
五	税金	元	197.13

人工、主要材料单方用量				
项 目 名 称	单位	单价	数量	合价
一	人工	工日	117.50	3.65	428.88
二	预制混凝土构件	m³	4 078.80	0.18	734.18
三	现浇钢筋	kg	4.34	40.50	175.77
四	现浇混凝土	m³	482.20	0.27	130.19

单位：m²

序号	项　目	单位	指　标　编　号	1F-018（2）
			装配率50%（剪力墙结构）	
			内隔墙	
			金额	占指标基价比例（%）
	指　标　基　价	元	196.19	100
一	建筑工程费用	元	162.48	83
二	安装工程费用	元	0.00	0
三	设备购置费	元	0.00	0
四	工程建设其他费	元	24.37	12
五	基本预备费	元	9.34	5

建筑安装工程单方造价

	项　目　名　称	单位	金额
一	人工费	元	23.50
二	材料费	元	95.44
三	机械费	元	0.31
四	综合费	元	29.81
五	税金	元	13.42

人工、主要材料单方用量

	项　目　名　称	单位	单价	数量	合价
一	人工	工日	117.50	0.20	23.50
二	砌体	m³	478.80	0.19	90.97

单位：m²

序号	指 标 编 号		1F-019（1）	
	项 目	单位	装配率60%（剪力墙结构）	
			主体结构	
			金额	占指标基价比例（%）
	指 标 基 价	元	3 006.05	100
一	建筑工程费用	元	2 489.48	83
二	安装工程费用	元	0.00	0
三	设备购置费	元	0.00	0
四	工程建设其他费	元	373.42	12
五	基本预备费	元	143.15	5
建筑安装工程单方造价				
	项 目 名 称	单位	金额	
一	人工费	元	418.30	
二	材料费	元	1 301.56	
三	机械费	元	107.28	
四	综合费	元	456.79	
五	税金	元	205.55	
人工、主要材料单方用量				
	项 目 名 称	单位	单价	数量	合价
一	人工	工日	117.50	3.56	418.30
二	预制混凝土构件	m³	4 078.80	0.21	856.55
三	现浇钢筋	kg	4.34	34.50	149.73
四	现浇混凝土	m³	482.20	0.23	110.91

单位：m²

序号	项目	单位	指标编号 1F-019（2）	
			装配率60%（剪力墙结构）	
			内隔墙	
			金额	占指标基价比例（%）
	指标基价	元	196.19	100
一	建筑工程费用	元	162.48	83
二	安装工程费用	元	0.00	0
三	设备购置费	元	0.00	0
四	工程建设其他费	元	24.37	12
五	基本预备费	元	9.34	5
建筑安装工程单方造价				
	项目名称	单位	金额	
一	人工费	元	23.50	
二	材料费	元	95.44	
三	机械费	元	0.31	
四	综合费	元	29.81	
五	税金	元	13.42	
人工、主要材料单方用量				
	项目名称	单位	单价	数量	合价
一	人工	工日	117.50	0.20	23.50
二	砌体	m³	478.80	0.19	90.97

单位：m²

序号	指 标 编 号		1F-020（1）	
	项 目	单位	装配率70%（剪力墙结构）	
			主体结构	
			金额	占指标基价比例（%）
	指 标 基 价	元	3 124.66	100
一	建筑工程费用	元	2 587.71	83
二	安装工程费用	元	0.00	0
三	设备购置费	元	0.00	0
四	工程建设其他费	元	388.16	12
五	基本预备费	元	148.79	5

建筑安装工程单方造价			
项 目 名 称	单位	金额	
一	人工费	元	405.38
二	材料费	元	1 381.94
三	机械费	元	111.92
四	综合费	元	474.81
五	税金	元	213.66

人工、主要材料单方用量				
项 目 名 称	单位	单价	数量	合价
一	人工	工日	117.50	3.45	405.38
二	预制混凝土构件	m³	4 078.80	0.24	978.91
三	现浇钢筋	kg	4.34	30.00	130.20
四	现浇混凝土	m³	482.20	0.20	96.44

单位：m²

序号	指 标 编 号		1F-020（2）	
	项 目	单位	装配率70%（剪力墙结构）	
			内隔墙	
			金额	占指标基价比例（%）
	指 标 基 价	元	196.19	100
一	建筑工程费用	元	162.48	83
二	安装工程费用	元	0.00	0
三	设备购置费	元	0.00	0
四	工程建设其他费	元	24.37	12
五	基本预备费	元	9.34	5
建筑安装工程单方造价				
	项 目 名 称	单位	金额	
一	人工费	元	23.50	
二	材料费	元	95.44	
三	机械费	元	0.31	
四	综合费	元	29.81	
五	税金	元	13.42	
人工、主要材料单方用量				
	项 目 名 称	单位	单价	数量	合价
一	人工	工日	117.50	0.20	23.50
二	砌体	m³	478.80	0.19	90.97

2. 公共建筑类

（1）低层或多层公共类

单位：m²

序号	指 标 编 号		1F-021（1）	
			装配率 15%（框架结构）	
	项　目	单位	主体结构	
			金额	占指标基价比例（%）
	指 标 基 价	元	2 453.40	100
一	建筑工程费用	元	2 031.80	83
二	安装工程费用	元	0.00	0
三	设备购置费	元	0.00	0
四	工程建设其他费	元	304.77	12
五	基本预备费	元	116.83	5

建筑安装工程单方造价

项 目 名 称	单位	金额	
一 人工费	元	247.93	
二 材料费	元	1 201.60	
三 机械费	元	41.70	
四 综合费	元	372.81	
五 税金	元	167.76	

人工、主要材料单方用量

项 目 名 称	单位	单价	数量	合价
一 人工	工日	117.50	2.11	247.93
二 预制混凝土构件	m³	4 078.80	0.15	611.82
三 现浇钢筋	kg	4.34	61.20	265.61
四 现浇混凝土	m³	482.20	0.36	173.59

单位: m²

序号	项 目	单位	指 标 编 号	1F-021（2）
				装配率15%（框架结构）
				内隔墙
			金额	占指标基价比例（%）
	指 标 基 价	元	240.06	100
一	建筑工程费用	元	198.81	83
二	安装工程费用	元	0.00	0
三	设备购置费	元	0.00	0
四	工程建设其他费	元	29.82	12
五	基本预备费	元	11.43	5

建筑安装工程单方造价

	项 目 名 称	单位	金额
一	人工费	元	29.38
二	材料费	元	116.16
三	机械费	元	0.37
四	综合费	元	36.48
五	税金	元	16.42

人工、主要材料单方用量

	项 目 名 称	单位	单价	数量	合价
一	人工	工日	117.50	0.25	29.38
二	砌体	m³	478.80	0.23	110.12
三	预制内墙板	m³	3 743.00	—	—
四	轻质墙板	m²	90.00	—	—

单位：m²

序号	指 标 编 号		1F-022（1）	
	项　目	单位	装配率30%（框架结构）	
			主体结构	
			金额	占指标基价比例（%）
	指 标 基 价	元	2 599.83	100
一	建筑工程费用	元	2 153.07	83
二	安装工程费用	元	0.00	0
三	设备购置费	元	0.00	0
四	工程建设其他费	元	322.96	12
五	基本预备费	元	123.80	5

建筑安装工程单方造价

	项 目 名 称	单位	金额	
一	人工费	元	243.23	
二	材料费	元	1 294.38	
三	机械费	元	42.62	
四	综合费	元	395.06	
五	税金	元	177.78	

人工、主要材料单方用量

	项 目 名 称	单位	单价	数量	合价
一	人工	工日	117.50	2.07	243.23
二	预制混凝土构件	m³	4 078.80	0.21	856.55
三	现浇钢筋	kg	4.34	56.10	243.47
四	现浇混凝土	m³	482.20	0.33	159.13

单位:m²

序号	指 标 编 号		1F-022（2）	
	项　目	单位	装配率30%（框架结构）	
			内隔墙	
			金额	占指标基价比例（%）
	指 标 基 价	元	240.06	100
一	建筑工程费用	元	198.81	83
二	安装工程费用	元	0.00	0
三	设备购置费	元	0.00	0
四	工程建设其他费	元	29.82	12
五	基本预备费	元	11.43	5
建筑安装工程单方造价				
	项 目 名 称	单位	金额	
一	人工费	元	29.38	
二	材料费	元	116.16	
三	机械费	元	0.37	
四	综合费	元	36.48	
五	税金	元	16.42	
人工、主要材料单方用量				
	项 目 名 称	单位	单价	数量	合价
一	人工	工日	117.50	0.25	29.38
二	砌体	m³	478.80	0.23	110.12
三	预制内墙板	m³	3 743.00	—	—
四	轻质墙板	m²	90.00	—	—

单位：m²

序号	指　标　编　号		1F-023（1）	
	项　　目	单位	装配率50%（框架结构）	
			主体结构	
			金额	占指标基价比例（%）
	指　标　基　价	元	2 957.30	100
一	建筑工程费用	元	2 449.11	83
二	安装工程费用	元	0.00	0
三	设备购置费	元	0.00	0
四	工程建设其他费	元	367.37	12
五	基本预备费	元	140.82	5
建筑安装工程单方造价				
	项　目　名　称	单位	金额	
一	人工费	元	193.88	
二	材料费	元	1 552.87	
三	机械费	元	50.76	
四	综合费	元	449.38	
五	税金	元	202.22	
人工、主要材料单方用量				
	项　目　名　称	单位	单价	数量	合价
一	人工	工日	117.50	1.65	193.88
二	预制混凝土构件	m³	4 078.80	0.26	1 060.49
三	现浇钢筋	kg	4.34	45.90	199.21
四	现浇混凝土	m³	482.20	0.27	130.19

单位：m²

序号	指 标 编 号		1F-023（2）	
	项　目	单位	装配率50%（框架结构）	
			内隔墙	
			金额	占指标基价比例（%）
	指 标 基 价	元	182.54	100
一	建筑工程费用	元	151.17	83
二	安装工程费用	元	0.00	0
三	设备购置费	元	0.00	0
四	工程建设其他费	元	22.68	12
五	基本预备费	元	8.69	5

建筑安装工程单方造价

序号	项 目 名 称	单位	金额
一	人工费	元	22.33
二	材料费	元	88.34
三	机械费	元	0.28
四	综合费	元	27.74
五	税金	元	12.48

人工、主要材料单方用量

序号	项 目 名 称	单位	单价	数量	合价
一	人工	工日	117.50	0.19	22.33
二	砌体	m³	478.80	0.18`	86.18
三	预制内墙板	m³	3 743.00	—	—
四	轻质墙板	m²	90.00	—	—

单位：m²

序号	项 目	单位	指 标 编 号	1F-024（1）
				装配率60%（框架结构）
				主体结构
			金额	占指标基价比例（%）
	指 标 基 价	元	3 111.62	100
一	建筑工程费用	元	2 576.91	83
二	安装工程费用	元	0.00	0
三	设备购置费	元	0.00	0
四	工程建设其他费	元	386.54	12
五	基本预备费	元	148.17	5

建筑安装工程单方造价

序号	项 目 名 称	单位	金额
一	人工费	元	189.18
二	材料费	元	1 651.09
三	机械费	元	51.04
四	综合费	元	472.83
五	税金	元	212.77

人工、主要材料单方用量

序号	项 目 名 称	单位	单价	数量	合价
一	人工	工日	117.50	1.61	189.18
二	预制混凝土构件	m³	4 078.80	0.28	1 142.06
三	现浇钢筋	kg	4.34	42.50	184.45
四	现浇混凝土	m³	482.20	0.25	120.55

单位：m²

序号	项目	单位	指标编号	1F-024（2）
				装配率60%（框架结构）
				内隔墙
			金额	占指标基价比例（%）
	指标基价	元	182.54	100
一	建筑工程费用	元	151.17	83
二	安装工程费用	元	0.00	0
三	设备购置费	元	0.00	0
四	工程建设其他费	元	22.68	12
五	基本预备费	元	8.69	5

建筑安装工程单方造价

	项目名称	单位	金额
一	人工费	元	22.33
二	材料费	元	88.34
三	机械费	元	0.28
四	综合费	元	27.74
五	税金	元	12.48

人工、主要材料单方用量

	项目名称	单位	单价	数量	合价
一	人工	工日	117.50	0.19	22.33
二	砌体	m³	478.80	0.18	86.18
三	预制内墙板	m³	3 743.00	—	—
四	轻质墙板	m²	90.00	—	—

单位：m²

序号	指标编号		1F-025（1）	
	项 目	单位	装配率70%（框架结构）	
			主体结构	
			金额	占指标基价比例（%）
	指 标 基 价	元	3 192.24	100
一	建筑工程费用	元	2 643.68	83
二	安装工程费用	元	0.00	0
三	设备购置费	元	0.00	0
四	工程建设其他费	元	396.55	12
五	基本预备费	元	152.01	5

建筑安装工程单方造价

序号	项 目 名 称	单位	金额
一	人工费	元	183.30
二	材料费	元	1 704.81
三	机械费	元	52.20
四	综合费	元	485.08
五	税金	元	218.29

人工、主要材料单方用量

序号	项 目 名 称	单位	单价	数量	合价
一	人工	工日	117.50	1.56	183.30
二	预制混凝土构件	m³	4 078.80	0.30	1 223.64
三	现浇钢筋	kg	4.34	42.50	184.45
四	现浇混凝土	m³	482.20	0.25	120.55

单位：m²

序号	指 标 编 号		1F-025（2）	
	项　目	单位	装配率 70%（框架结构）	
			内隔墙	
			金额	占指标基价比例（%）
	指 标 基 价	元	182.54	100
一	建筑工程费用	元	151.17	83
二	安装工程费用	元	0.00	0
三	设备购置费	元	0.00	0
四	工程建设其他费	元	22.68	12
五	基本预备费	元	8.69	5

建筑安装工程单方造价

	项 目 名 称	单位	金额
一	人工费	元	22.33
二	材料费	元	88.34
三	机械费	元	0.28
四	综合费	元	27.74
五	税金	元	12.48

人工、主要材料单方用量

	项 目 名 称	单位	单价	数量	合价
一	人工	工日	117.50	0.19	22.33
二	砌体	m³	478.80	0.18	86.18
三	预制内墙板	m³	3 743.00	—	—
四	轻质墙板	m²	90.00	—	—

（2）高层公共类

单位:m²

指 标 编 号			1F-026（1）	
序号	项 目	单位	装配率15%（框剪结构）	
			主体结构	
			金额	占指标基价比例（%）
	指 标 基 价	元	2 772.01	100
一	建筑工程费用	元	2 295.66	83
二	安装工程费用	元	0.00	0
三	设备购置费	元	0.00	0
四	工程建设其他费	元	344.35	12
五	基本预备费	元	132.00	5
建筑安装工程单方造价				
	项 目 名 称	单位	金额	
一	人工费	元	343.10	
二	材料费	元	1 296.25	
三	机械费	元	45.54	
四	综合费	元	421.22	
五	税金	元	189.55	
人工、主要材料单方用量				
	项 目 名 称	单位	单价	数量	合价
一	人工	工日	117.50	2.92	343.10
二	预制混凝土构件	m³	4 078.80	0.16	652.61
三	现浇钢筋	kg	4.34	73.80	320.29
四	现浇混凝土	m³	482.20	0.41	197.70

单位：m²

序号	指标编号		1F-026（2）	
	项 目	单位	装配率15%（框剪结构）	
			内隔墙	
			金额	占指标基价比例（%）
	指 标 基 价	元	216.64	100
一	建筑工程费用	元	179.41	83
二	安装工程费用	元	0.00	0
三	设备购置费	元	0.00	0
四	工程建设其他费	元	26.91	12
五	基本预备费	元	10.32	5
建筑安装工程单方造价				
	项 目 名 称	单位	金额	
一	人工费	元	25.85	
二	材料费	元	105.49	
三	机械费	元	0.34	
四	综合费	元	32.92	
五	税金	元	14.81	
人工、主要材料单方用量				
	项 目 名 称	单位	单价	数量	合价
一	人工	工日	117.50	0.22	25.85
二	砌体	m³	478.80	0.21	100.55
三	预制内墙板	m³	3 743.00	—	—
四	轻质墙板	m²	90.00	—	—

单位：m²

序号	项 目	单位	1F-027（1）	
			装配率30%（框剪结构）	
			主体结构	
			金额	占指标基价比例（%）
	指 标 基 价	元	2 885.91	100
一	建筑工程费用	元	2 389.99	83
二	安装工程费用	元	0.00	0
三	设备购置费	元	0.00	0
四	工程建设其他费	元	358.50	12
五	基本预备费	元	137.42	5

建筑安装工程单方造价

	项 目 名 称	单位	金额	
一	人工费	元	313.73	
二	材料费	元	1 389.97	
三	机械费	元	50.42	
四	综合费	元	438.53	
五	税金	元	197.34	

人工、主要材料单方用量

	项 目 名 称	单位	单价	数量	合价
一	人工	工日	117.50	2.67	313.73
二	预制混凝土构件	m³	4 078.80	0.20	815.76
三	现浇钢筋	kg	4.34	66.60	289.04
四	现浇混凝土	m³	482.20	0.36	173.59

单位：m²

序号	指 标 编 号		1F-027（2）	
	项　　目	单位	装配率30%（框剪结构）	
			内隔墙	
			金额	占指标基价比例（%）
	指 标 基 价	元	216.64	100
一	建筑工程费用	元	179.41	83
二	安装工程费用	元	0.00	0
三	设备购置费	元	0.00	0
四	工程建设其他费	元	26.91	12
五	基本预备费	元	10.32	5

建筑安装工程单方造价			
项 目 名 称	单位	金额	
一	人工费	元	25.85
二	材料费	元	105.49
三	机械费	元	0.34
四	综合费	元	32.92
五	税金	元	14.81

人工、主要材料单方用量				
项 目 名 称	单位	单价	数量	合价
一	人工	工日	117.50	0.22	25.85
二	砌体	m³	478.80	0.21	100.55
三	预制内墙板	m³	3 743.00	—	—
四	轻质墙板	m²	90.00	—	—

单位:m²

序号	指 标 编 号		1F-028(1)	
	项 目	单位	装配率50%(框剪结构)	
			主体结构	
			金额	占指标基价比例（%）
	指 标 基 价	元	3 178.36	100
一	建筑工程费用	元	2 632.18	83
二	安装工程费用	元	0.00	0
三	设备购置费	元	0.00	0
四	工程建设其他费	元	394.83	12
五	基本预备费	元	151.35	5
建筑安装工程单方造价				
	项 目 名 称	单位	金额	
一	人工费	元	298.45	
二	材料费	元	1 576.31	
三	机械费	元	57.11	
四	综合费	元	482.97	
五	税金	元	217.34	
人工、主要材料单方用量				
	项 目 名 称	单位	单价	数量	合价
一	人工	工日	117.50	2.54	298.45
二	预制混凝土构件	m³	4 078.80	0.26	1 060.49
三	现浇钢筋	kg	4.34	59.40	257.80
四	现浇混凝土	m³	482.20	0.33	159.13

单位：m²

序号	指 标 编 号			1F-028（2）	
	项　目	单位		装配率50%（框剪结构）	
				内隔墙	
				金额	占指标基价比例（%）
	指 标 基 价	元		196.19	100
一	建筑工程费用	元		162.48	83
二	安装工程费用	元		0.00	0
三	设备购置费	元		0.00	0
四	工程建设其他费	元		24.37	12
五	基本预备费	元		9.34	5
建筑安装工程单方造价					
	项 目 名 称	单位		金额	
一	人工费	元		23.50	
二	材料费	元		95.44	
三	机械费	元		0.31	
四	综合费	元		29.81	
五	税金	元		13.42	
人工、主要材料单方用量					
	项 目 名 称	单位	单价	数量	合价
一	人工	工日	117.50	0.20	23.50
二	砌体	m³	478.80	0.19	90.97
三	预制内墙板	m³	3 743.00	—	—
四	轻质墙板	m²	90.00	—	—

单位:m²

序号	指 标 编 号		1F-029(1)	
	项 目	单位	装配率 60%(框剪结构)	
			主体结构	
			金额	占指标基价比例(%)
	指 标 基 价	元	3 306.10	100
一	建筑工程费用	元	2 737.97	83
二	安装工程费用	元	0.00	0
三	设备购置费	元	0.00	0
四	工程建设其他费	元	410.70	12
五	基本预备费	元	157.43	5
建筑安装工程单方造价				
	项 目 名 称	单位	金额	
一	人工费	元	287.88	
二	材料费	元	1 662.38	
三	机械费	元	59.26	
四	综合费	元	502.38	
五	税金	元	226.07	
人工、主要材料单方用量				
	项 目 名 称	单位	单价	数量	合价
一	人工	工日	117.50	2.45	287.88
二	预制混凝土构件	m³	4 078.80	0.28	1 142.06
三	现浇钢筋	kg	4.34	55.80	242.17
四	现浇混凝土	m³	482.20	0.31	149.48

单位：m²

序号	指 标 编 号	单位	1F-029（2）	
			装配率60%（框剪结构）	
	项　目		内隔墙	
			金额	占指标基价比例（%）
	指 标 基 价	元	196.19	100
一	建筑工程费用	元	162.48	83
二	安装工程费用	元	0.00	0
三	设备购置费	元	0.00	0
四	工程建设其他费	元	24.37	12
五	基本预备费	元	9.34	5

建筑安装工程单方造价			
项 目 名 称	单位	金额	
一	人工费	元	23.50
二	材料费	元	95.44
三	机械费	元	0.31
四	综合费	元	29.81
五	税金	元	13.42

人工、主要材料单方用量				
项 目 名 称	单位	单价	数量	合价
一	人工	工日	117.50	0.20	23.50
二	砌体	m³	478.80	0.19	90.97
三	预制内墙板	m³	3 743.00	—	—
四	轻质墙板	m²	90.00	—	—

单位: m²

序号	指 标 编 号		1F-030（1）	
	项　　目	单位	装配率70%（框剪结构）	
			主体结构	
			金额	占指标基价比例（%）
	指 标 基 价	元	3 339.13	100
一	建筑工程费用	元	2 765.32	83
二	安装工程费用	元	0.00	0
三	设备购置费	元	0.00	0
四	工程建设其他费	元	414.80	12
五	基本预备费	元	159.01	5
建筑安装工程单方造价				
	项 目 名 称	单位	金额	
一	人工费	元	273.78	
二	材料费	元	1 694.67	
三	机械费	元	61.14	
四	综合费	元	507.40	
五	税金	元	228.33	
人工、主要材料单方用量				
	项 目 名 称	单位	单价	数量	合价
一	人工	工日	117.50	2.33	273.78
二	预制混凝土构件	m³	4 078.80	0.30	1 223.64
三	现浇钢筋	kg	4.34	52.20	226.55
四	现浇混凝土	m³	482.20	0.29	139.84

单位：m²

指 标 编 号			1F-030（2）	
序号	项 目	单位	装配率70%（框剪结构）	
			内隔墙	
			金额	占指标基价比例（%）
	指 标 基 价	元	196.19	100
一	建筑工程费用	元	162.48	83
二	安装工程费用	元	0.00	0
三	设备购置费	元	0.00	0
四	工程建设其他费	元	24.37	12
五	基本预备费	元	9.34	5
建筑安装工程单方造价				
	项 目 名 称	单位	金额	
一	人工费	元	23.50	
二	材料费	元	95.44	
三	机械费	元	0.31	
四	综合费	元	29.81	
五	税金	元	13.42	
人工、主要材料单方用量				
	项 目 名 称	单位	单价	数量	合价
一	人工	工日	117.50	0.20	23.50
二	砌体	m³	478.80	0.19	90.97
三	预制内墙板	m³	3 743.00	—	
四	轻质墙板	m²	90.00	—	—

单位：m^2

序号	指 标 编 号		1F-031（1）	
	项　目	单位	装配率15%（框架结构）	
			主体结构	
			金额	占指标基价比例（%）
	指 标 基 价	元	2 647.62	100
一	建筑工程费用	元	2 192.64	83
二	安装工程费用	元	0.00	0
三	设备购置费	元	0.00	0
四	工程建设其他费	元	328.90	12
五	基本预备费	元	126.08	5
建筑安装工程单方造价				
	项 目 名 称	单位	金额	
一	人工费	元	331.35	
二	材料费	元	1 233.63	
三	机械费	元	44.30	
四	综合费	元	402.32	
五	税金	元	181.04	
人工、主要材料单方用量				
	项 目 名 称	单位	单价	数量	合价
一	人工	工日	117.50	2.82	331.35
二	预制混凝土构件	m^3	4 078.80	0.15	611.82
三	现浇钢筋	kg	4.34	70.00	303.80
四	现浇混凝土	m^3	482.20	0.40	192.88

单位：m²

序号	指标编号		1F-031（2）	
	项 目	单位	装配率 15%（框架结构）	
			内隔墙	
			金额	占指标基价比例（%）
	指 标 基 价	元	226.83	100
一	建筑工程费用	元	187.85	83
二	安装工程费用	元	0.00	0
三	设备购置费	元	0.00	0
四	工程建设其他费	元	28.18	12
五	基本预备费	元	10.80	5

建筑安装工程单方造价

	项 目 名 称	单位	金额	
一	人工费	元	27.03	
二	材料费	元	110.66	
三	机械费	元	0.18	
四	综合费	元	34.47	
五	税金	元	15.51	

人工、主要材料单方用量

	项 目 名 称	单位	单价	数量	合价
一	人工	工日	117.50	0.23	27.03
二	砌体	m³	478.80	0.11	52.67
三	预制内墙板	m³	3 743.00	—	—
四	轻质墙板	m²	90.00	0.55	49.50

单位：m²

序号	指标编号		1F-032（1）	
	项　目	单位	装配率30%（框架结构）	
			主体结构	
			金额	占指标基价比例（%）
	指 标 基 价	元	2 757.52	100
一	建筑工程费用	元	2 283.66	83
二	安装工程费用	元	0.00	0
三	设备购置费	元	0.00	0
四	工程建设其他费	元	342.55	12
五	基本预备费	元	131.31	5
建筑安装工程单方造价				
	项 目 名 称	单位	金额	
一	人工费	元	320.78	
二	材料费	元	1 309.00	
三	机械费	元	46.30	
四	综合费	元	419.02	
五	税金	元	188.56	
人工、主要材料单方用量				
	项 目 名 称	单位	单价	数量	合价
一	人工	工日	117.50	2.73	320.78
二	预制混凝土构件	m³	4 078.80	0.19	774.97
三	现浇钢筋	kg	4.34	61.25	265.83
四	现浇混凝土	m³	482.20	0.35	168.77

单位：m²

序号	指 标 编 号		1F-032（2）	
	项 目	单位	装配率30%（框架结构）	
			内隔墙	
			金额	占指标基价比例（%）
	指 标 基 价	元	226.83	100
一	建筑工程费用	元	187.85	83
二	安装工程费用	元	0.00	0
三	设备购置费	元	0.00	0
四	工程建设其他费	元	28.18	12
五	基本预备费	元	10.80	5

建筑安装工程单方造价

	项 目 名 称	单位	金额
一	人工费	元	27.03
二	材料费	元	110.66
三	机械费	元	0.18
四	综合费	元	34.47
五	税金	元	15.51

人工、主要材料单方用量

	项 目 名 称	单位	单价	数量	合价
一	人工	工日	117.50	0.23	27.03
二	砌体	m³	478.80	0.11	52.67
三	预制内墙板	m³	3 743.00	—	—
四	轻质墙板	m²	90.00	0.55	49.50

单位：m²

序号	指 标 编 号		1F-033（1）	
	项 目	单位	装配率50%（框架结构）	
			主体结构	
			金额	占指标基价比例（%）
	指 标 基 价	元	3 062.72	100
一	建筑工程费用	元	2 536.42	83
二	安装工程费用	元	0.00	0
三	设备购置费	元	0.00	0
四	工程建设其他费	元	380.46	12
五	基本预备费	元	145.84	5
建筑安装工程单方造价				
	项 目 名 称	单位	金额	
一	人工费	元	293.75	
二	材料费	元	1 511.81	
三	机械费	元	56.03	
四	综合费	元	465.40	
五	税金	元	209.43	
人工、主要材料单方用量				
	项 目 名 称	单位	单价	数量	合价
一	人工	工日	117.50	2.50	293.75
二	预制混凝土构件	m³	4 078.80	0.24	978.91
三	现浇钢筋	kg	4.34	56.00	243.04
四	现浇混凝土	m³	482.20	0.32	154.30

单位：m²

序号	指 标 编 号		1F-033（2）	
	项 目	单位	装配率 50%（框架结构）	
			内隔墙	
			金额	占指标基价比例（%）
	指 标 基 价	元	201.39	100
一	建筑工程费用	元	166.78	83
二	安装工程费用	元	0.00	0
三	设备购置费	元	0.00	0
四	工程建设其他费	元	25.02	12
五	基本预备费	元	9.59	5

建筑安装工程单方造价

序号	项 目 名 称	单位	金额
一	人工费	元	23.50
二	材料费	元	98.79
三	机械费	元	0.12
四	综合费	元	30.60
五	税金	元	13.77

人工、主要材料单方用量

序号	项 目 名 称	单位	单价	数量	合价
一	人工	工日	117.50	0.20	23.50
二	砌体	m³	478.80	0.08	38.30
三	预制内墙板	m³	3 743.00	—	—
四	轻质墙板	m²	90.00	0.59	53.10

单位：m²

序号	指标编号		1F-034（1）	
	项　目	单位	装配率 60%（框架结构）	
			主体结构	
			金额	占指标基价比例（%）
	指 标 基 价	元	3 187.51	100
一	建筑工程费用	元	2 639.76	83
二	安装工程费用	元	0.00	0
三	设备购置费	元	0.00	0
四	工程建设其他费	元	395.96	12
五	基本预备费	元	151.79	5
建筑安装工程单方造价				
	项 目 名 称	单位	金额	
一	人工费	元	290.23	
二	材料费	元	1 588.99	
三	机械费	元	58.22	
四	综合费	元	484.36	
五	税金	元	217.96	

人工、主要材料单方用量					
	项 目 名 称	单位	单价	数量	合价
一	人工	工日	117.50	2.47	290.23
二	预制混凝土构件	m³	4 078.80	0.26	1 060.49
三	现浇钢筋	kg	4.34	52.50	227.85
四	现浇混凝土	m³	482.20	0.30	144.66

单位：m²

序号	项 目	单位	指标编号	1F-034（2）
			装配率60%（框架结构）	
			内隔墙	
			金额	占指标基价比例（%）
	指 标 基 价	元	201.39	100
一	建筑工程费用	元	166.78	83
二	安装工程费用	元	0.00	0
三	设备购置费	元	0.00	0
四	工程建设其他费	元	25.02	12
五	基本预备费	元	9.59	5

建筑安装工程单方造价			
项 目 名 称	单位	金额	
一	人工费	元	23.50
二	材料费	元	98.79
三	机械费	元	0.12
四	综合费	元	30.60
五	税金	元	13.77

人工、主要材料单方用量				
项 目 名 称	单位	单价	数量	合价
一	人工	工日	117.50	0.20	23.50
二	砌体	m³	478.80	0.08	38.30
三	预制内墙板	m³	3 743.00	—	—
四	轻质墙板	m²	90.00	0.59	53.10

单位: m²

序号	指 标 编 号		1F-035（1）	
	项 目	单位	装配率70%（框架结构）	
			主体结构	
			金额	占指标基价比例（%）
	指 标 基 价	元	3 263.06	100
一	建筑工程费用	元	2 702.33	83
二	安装工程费用	元	0.00	0
三	设备购置费	元	0.00	0
四	工程建设其他费	元	405.35	12
五	基本预备费	元	155.38	5
建筑安装工程单方造价				
	项 目 名 称	单位	金额	
一	人工费	元	285.53	
二	材料费	元	1 637.83	
三	机械费	元	60.00	
四	综合费	元	495.84	
五	税金	元	223.13	
人工、主要材料单方用量				
	项 目 名 称	单位	单价	数量	合价
一	人工	工日	117.50	2.43	285.53
二	预制混凝土构件	m³	4 078.80	0.28	1 142.06
三	现浇钢筋	kg	4.34	49.00	212.66
四	现浇混凝土	m³	482.20	0.28	135.02

单位：m²

序号	指 标 编 号		1F-035（2）	
	项 目	单位	装配率70%（框架结构）	
			内隔墙	
			金额	占指标基价比例（％）
	指 标 基 价	元	201.39	100
一	建筑工程费用	元	166.78	83
二	安装工程费用	元	0.00	0
三	设备购置费	元	0.00	0
四	工程建设其他费	元	25.02	12
五	基本预备费	元	9.59	5
建筑安装工程单方造价				
	项 目 名 称	单位	金额	
一	人工费	元	23.50	
二	材料费	元	98.79	
三	机械费	元	0.12	
四	综合费	元	30.60	
五	税金	元	13.77	
人工、主要材料单方用量				
	项 目 名 称	单位	单价	数量	合价
一	人工	工日	117.50	0.20	23.50
二	砌体	m³	478.80	0.08	38.30
三	预制内墙板	m³	3 743.00	—	—
四	轻质墙板	m²	90.00	0.59	53.10

二、装配式钢结构工程投资估算分项调整指标

1. 居住建筑类

（1）低层或多层（$H \leq 27\text{m}$）

单位：m^2

序号	指标编号		2F-001（1）	
	项 目	单位	装配率30%（轻型钢结构）	
			主体结构	
			金额	占指标基价比例（%）
	指 标 基 价	元	1 158.86	100
一	建筑工程费用	元	959.72	83
二	安装工程费用	元	0.00	0
三	设备购置费	元	0.00	0
四	工程建设其他费	元	143.96	12
五	基本预备费	元	55.18	5
建筑安装工程单方造价				
	项 目 名 称	单位	金额	
一	人工费	元	139.83	
二	材料费	元	460.59	
三	机械费	元	103.96	
四	综合费	元	176.10	
五	税金	元	79.24	
人工、主要材料单方用量				
	项 目 名 称	单位	单价	数量	合价
一	人工	工日	117.50	1.19	139.83
二	钢构件	kg	7.50	37.00	277.50
三	钢筋	kg	4.34	9.70	42.10
四	混凝土	m^3	482.20	0.11	53.04

单位：m²

序号	项 目	单位	指 标 编 号	2F-001（2）
			装配率30%（轻型钢结构）	
			围护墙和内隔墙	
			金额	占指标基价比例（%）
	指 标 基 价	元	230.97	100
一	建筑工程费用	元	191.28	83
二	安装工程费用	元	0.00	0
三	设备购置费	元	0.00	0
四	工程建设其他费	元	28.69	12
五	基本预备费	元	11.00	5

建筑安装工程单方造价

	项 目 名 称	单位	金额	
一	人工费	元	27.03	
二	材料费	元	112.99	
三	机械费	元	0.37	
四	综合费	元	35.10	
五	税金	元	15.79	

人工、主要材料单方用量

	项 目 名 称	单位	单价	数量	合价
一	人工	工日	117.50	0.23	27.03
二	加气混凝土砌块	m³	478.79	0.23	110.12

单位：m²

序号	指　标　编　号		2F-002（1）	
	项　　目	单位	装配率50%（轻型钢结构）	
			主体结构	
			金额	占指标基价比例（%）
	指　标　基　价	元	1 158.86	100
一	建筑工程费用	元	959.72	83
二	安装工程费用	元	0.00	0
三	设备购置费	元	0.00	0
四	工程建设其他费	元	143.96	12
五	基本预备费	元	55.18	5

建筑安装工程单方造价

序号	项　目　名　称	单位	金额	
一	人工费	元	139.83	
二	材料费	元	460.59	
三	机械费	元	103.96	
四	综合费	元	176.10	
五	税金	元	79.24	

人工、主要材料单方用量

序号	项　目　名　称	单位	单价	数量	合价
一	人工	工日	117.50	1.19	139.83
二	钢构件	kg	7.50	37.00	277.50
三	钢筋	kg	4.34	9.70	42.10
四	混凝土	m³	482.20	0.11	53.04

单位：m^2

序号	指 标 编 号		2F-002（2）	
	项　目	单位	装配率 50%（轻型钢结构）	
			围护墙和内隔墙	
			金额	占指标基价比例（%）
	指 标 基 价	元	456.67	100
一	建筑工程费用	元	378.19	83
二	安装工程费用	元	0.00	0
三	设备购置费	元	0.00	0
四	工程建设其他费	元	56.73	12
五	基本预备费	元	21.75	5
建筑安装工程单方造价				
	项 目 名 称	单位	金额	
一	人工费	元	16.45	
二	材料费	元	258.67	
三	机械费	元	2.45	
四	综合费	元	69.39	
五	税金	元	31.23	
人工、主要材料单方用量				
	项 目 名 称	单位	单价	数量	合价
一	人工	工日	117.50	0.14	16.45
二	轻钢龙骨复合内墙板	m^2	150.00	0.79	118.50
三	轻钢龙骨复合外墙板	m^2	150.00	0.82	123.00

单位：m²

序号	指 标 编 号		2F-003（1）	
	项　目	单位	装配率60%（轻型钢结构）	
			主体结构	
			金额	占指标基价比例（%）
	指 标 基 价	元	1 363.56	100
一	建筑工程费用	元	1 129.24	83
二	安装工程费用	元	0.00	0
三	设备购置费	元	0.00	0
四	工程建设其他费	元	169.39	12
五	基本预备费	元	64.93	5

建筑安装工程单方造价

项 目 名 称	单位	金额
一 人工费	元	133.95
二 材料费	元	551.95
三 机械费	元	142.90
四 综合费	元	207.20
五 税金	元	93.24

人工、主要材料单方用量

项 目 名 称	单位	单价	数量	合价
一 人工	工日	117.50	1.14	133.95
二 钢构件	kg	7.50	37.00	277.50
三 钢筋	kg	4.34	2.91	12.63
四 混凝土	m³	482.20	0.11	53.04
五 楼承板	m²	105.00	0.67	70.35

单位：m²

指 标 编 号			2F-003（2）	
序号	项　目	单位	装配率60%（轻型钢结构）	
			围护墙和内隔墙	
			金额	占指标基价比例（%）
	指 标 基 价	元	456.67	100
一	建筑工程费用	元	378.19	83
二	安装工程费用	元	0.00	0
三	设备购置费	元	0.00	0
四	工程建设其他费	元	56.73	12
五	基本预备费	元	21.75	5

建筑安装工程单方造价

	项 目 名 称	单位	金额
一	人工费	元	16.45
二	材料费	元	258.67
三	机械费	元	2.45
四	综合费	元	69.39
五	税金	元	31.23

人工、主要材料单方用量

	项 目 名 称	单位	单价	数量	合价
一	人工	工日	117.50	0.14	16.45
二	轻钢龙骨复合内墙板	m²	150.00	0.79	118.50
三	轻钢龙骨复合外墙板	m²	150.00	0.82	123.00

单位：m²

序号	指 标 编 号		2F-004（1）	
	项　目	单位	装配率 75%（轻型钢结构）	
			主体结构	
			金额	占指标基价比例（%）
	指 标 基 价	元	1 427.92	100
一	建筑工程费用	元	1 182.54	83
二	安装工程费用	元	0.00	0
三	设备购置费	元	0.00	0
四	工程建设其他费	元	177.38	12
五	基本预备费	元	68.00	5

建筑安装工程单方造价			
项 目 名 称	单位	金额	
一	人工费	元	124.55
二	材料费	元	580.23
三	机械费	元	163.14
四	综合费	元	216.98
五	税金	元	97.64

人工、主要材料单方用量				
项 目 名 称	单位	单价	数量	合价
一	人工	工日	117.50	1.06	124.55
二	钢构件	kg	7.50	37.00	277.50
三	楼承板	m²	105.00	0.95	99.75

单位：m²

序号	指标编号		2F-004（2）	
	项　目	单位	装配率75%（轻型钢结构）	
			围护墙和内隔墙	
			金额	占指标基价比例（%）
	指 标 基 价	元	456.67	100
一	建筑工程费用	元	378.19	83
二	安装工程费用	元	0.00	0
三	设备购置费	元	0.00	0
四	工程建设其他费	元	56.73	12
五	基本预备费	元	21.75	5

建筑安装工程单方造价		
项 目 名 称	单位	金额
一　人工费	元	16.45
二　材料费	元	258.67
三　机械费	元	2.45
四　综合费	元	69.39
五　税金	元	31.23

人工、主要材料单方用量				
项 目 名 称	单位	单价	数量	合价
一　人工	工日	117.50	0.14	16.45
二　轻钢龙骨复合内墙板	m²	150.00	0.79	118.50
三　轻钢龙骨复合外墙板	m²	150.00	0.82	123.00

单位：m²

序号	指标 编 号		2F-005（1）	
	项 目	单位	装配率90%（轻型钢结构）	
			主体结构	
			金额	占指标基价比例（％）
	指 标 基 价	元	1 427.92	100
一	建筑工程费用	元	1 182.54	83
二	安装工程费用	元	0.00	0
三	设备购置费	元	0.00	0
四	工程建设其他费	元	177.38	12
五	基本预备费	元	68.00	5
建筑安装工程单方造价				
	项 目 名 称	单位	金额	
一	人工费	元	124.55	
二	材料费	元	580.23	
三	机械费	元	163.14	
四	综合费	元	216.98	
五	税金	元	97.64	
人工、主要材料单方用量				
	项 目 名 称	单位	单价	数量	合价
一	人工	工日	117.50	1.06	124.55
二	钢构件	kg	7.50	37.00	277.50
三	楼承板	m²	105.00	0.95	99.75

单位：m²

序号	指标编号		2F-005（2）	
	项　目	单位	装配率 90%（轻型钢结构）	
			围护墙和内隔墙	
			金额	占指标基价比例（%）
	指 标 基 价	元	456.67	100
一	建筑工程费用	元	378.19	83
二	安装工程费用	元	0.00	0
三	设备购置费	元	0.00	0
四	工程建设其他费	元	56.73	12
五	基本预备费	元	21.75	5
建筑安装工程单方造价				
	项 目 名 称	单位	金额	
一	人工费	元	16.45	
二	材料费	元	258.67	
三	机械费	元	2.45	
四	综合费	元	69.39	
五	税金	元	31.23	
人工、主要材料单方用量				
	项 目 名 称	单位	单价	数量	合价
一	人工	工日	117.50	0.14	16.45
二	轻钢龙骨复合内墙板	m²	150.00	0.79	118.50
三	轻钢龙骨复合外墙板	m²	150.00	0.82	123.00

单位:m²

指 标 编 号			2F-006(1)	
序号	项 目	单位	装配率90%以上(轻型钢结构)	
			主体结构	
			金额	占指标基价比例(%)
	指 标 基 价	元	1 427.92	100
一	建筑工程费用	元	1 182.54	83
二	安装工程费用	元	0.00	0
三	设备购置费	元	0.00	0
四	工程建设其他费	元	177.38	12
五	基本预备费	元	68.00	5
建筑安装工程单方造价				
	项 目 名 称	单位	金额	
一	人工费	元	124.55	
二	材料费	元	580.23	
三	机械费	元	163.14	
四	综合费	元	216.98	
五	税金	元	97.64	

人工、主要材料单方用量

	项 目 名 称	单位	单价	数量	合价
一	人工	工日	117.50	1.06	124.55
二	钢构件	kg	7.50	37.00	277.50
三	楼承板	m²	105.00	0.95	99.75

单位：m²

序号	指　标　编　号		2F-006（2）	
	项　目	单位	装配率90%以上（轻型钢结构）	
			围护墙和内隔墙	
			金额	占指标基价比例（%）
	指　标　基　价	元	456.67	100
一	建筑工程费用	元	378.19	83
二	安装工程费用	元	0.00	0
三	设备购置费	元	0.00	0
四	工程建设其他费	元	56.73	12
五	基本预备费	元	21.75	5
建筑安装工程单方造价				
	项　目　名　称	单位	金额	
一	人工费	元	16.45	
二	材料费	元	258.67	
三	机械费	元	2.45	
四	综合费	元	69.39	
五	税金	元	31.23	
人工、主要材料单方用量				
	项　目　名　称	单位	单价	数量	合价
一	人工	工日	117.50	0.14	16.45
二	轻钢龙骨复合内墙板	m²	150.00	0.79	118.50
三	轻钢龙骨复合外墙板	m²	150.00	0.82	123.00

单位：m²

序号	项 目	单位	指 标 编 号	2F-007（1）
			装配率 30%（钢框架结构）	
			主体结构	
			金额	占指标基价比例（%）
	指 标 基 价	元	1 918.14	100
一	建筑工程费用	元	1 588.52	83
二	安装工程费用	元	0.00	0
三	设备购置费	元	0.00	0
四	工程建设其他费	元	238.28	12
五	基本预备费	元	91.34	5

建筑安装工程单方造价			
项 目 名 称	单位	金额	
一 人工费	元	216.20	
二 材料费	元	863.33	
三 机械费	元	86.36	
四 综合费	元	291.47	
五 税金	元	131.16	

人工、主要材料单方用量				
项 目 名 称	单位	单价	数量	合价
一 人工	工日	117.50	1.84	216.20
二 钢构件	kg	7.50	53.77	403.28
三 防火涂料	kg	6.00	17.08	102.48
四 钢筋	kg	4.34	18.48	80.20
五 混凝土	m³	482.20	0.18	86.80

单位:m²

序号	指标编号		2F-007（2）	
	项　目	单位	装配率30%（钢框架结构）	
			围护墙和内隔墙	
			金额	占指标基价比例（%）
	指标基价	元	222.09	100
一	建筑工程费用	元	183.92	83
二	安装工程费用	元	0.00	0
三	设备购置费	元	0.00	0
四	工程建设其他费	元	27.59	12
五	基本预备费	元	10.58	5

建筑安装工程单方造价

	项目名称	单位	金额	
一	人工费	元	25.85	
二	材料费	元	108.78	
三	机械费	元	0.35	
四	综合费	元	33.75	
五	税金	元	15.19	

人工、主要材料单方用量

	项目名称	单位	单价	数量	合价
一	人工	工日	117.50	0.22	25.85
二	加气混凝土砌块	m³	478.80	0.18	86.18

单位：m²

序号	指 标 编 号		2F-008（1）	
	项　目	单位	装配率50%（钢框架结构）	
			主体结构	
			金额	占指标基价比例（%）
	指 标 基 价	元	1 968.02	100
一	建筑工程费用	元	1 629.83	83
二	安装工程费用	元	0.00	0
三	设备购置费	元	0.00	0
四	工程建设其他费	元	244.47	12
五	基本预备费	元	93.72	5
建筑安装工程单方造价				
	项 目 名 称	单位	金额	
一	人工费	元	216.20	
二	材料费	元	890.52	
三	机械费	元	89.49	
四	综合费	元	299.05	
五	税金	元	134.57	
人工、主要材料单方用量				
	项 目 名 称	单位	单价	数量	合价
一	人工	工日	117.50	1.84	216.20
二	钢构件	kg	7.50	53.77	403.28
三	防火涂料	kg	6.00	17.08	102.48
四	钢筋	kg	4.34	21.07	91.44
五	混凝土	m³	482.20	0.18	86.80

单位：m²

序号	项 目	单位	指标编号 2F-008（2）	
			装配率 50%（钢框架结构）	
			围护墙和内隔墙	
			金额	占指标基价比例（%）
	指 标 基 价	元	330.88	100
一	建筑工程费用	元	274.02	83
二	安装工程费用	元	0.00	0
三	设备购置费	元	0.00	0
四	工程建设其他费	元	41.10	12
五	基本预备费	元	15.76	5

建筑安装工程单方造价			
项 目 名 称	单位	金额	
一	人工费	元	22.33
二	材料费	元	178.50
三	机械费	元	0.28
四	综合费	元	50.28
五	税金	元	22.63

人工、主要材料单方用量				
项 目 名 称	单位	单价	数量	合价
一	人工	工日	117.50	0.19	22.33
二	加气混凝土砌块	m³	478.79	0.06	28.73
三	ALC 轻质墙板	m³	800.00	0.15	120.00

单位：m²

序号	指 标 编 号		2F-009（1）	
	项　目	单位	装配率60%（钢框架结构）	
			主体结构	
			金额	占指标基价比例（%）
	指 标 基 价	元	2 350.59	100
一	建筑工程费用	元	1 946.66	83
二	安装工程费用	元	0.00	0
三	设备购置费	元	0.00	0
四	工程建设其他费	元	292.00	12
五	基本预备费	元	111.93	5
建筑安装工程单方造价				
	项 目 名 称	单位	金额	
一	人工费	元	212.68	
二	材料费	元	1 123.82	
三	机械费	元	92.24	
四	综合费	元	357.19	
五	税金	元	160.73	
人工、主要材料单方用量				
	项 目 名 称	单位	单价	数量	合价
一	人工	工日	117.50	1.81	212.68
二	钢构件	kg	7.50	53.77	403.28
三	防火涂料	kg	6.00	17.08	102.48
四	钢筋	kg	4.34	21.07	91.44
五	混凝土	m³	482.20	0.18	86.80
六	楼承板	m²	90.00	0.77	69.30

单位：m²

序号	指 标 编 号		2F-009（2）	
	项 目	单位	装配率60%（钢框架结构）	
			围护墙和内隔墙	
			金额	占指标基价比例（%）
	指 标 基 价	元	330.88	100
一	建筑工程费用	元	274.02	83
二	安装工程费用	元	0.00	0
三	设备购置费	元	0.00	0
四	工程建设其他费	元	41.10	12
五	基本预备费	元	15.76	5
建筑安装工程单方造价				
	项 目 名 称	单位	金额	
一	人工费	元	22.33	
二	材料费	元	178.50	
三	机械费	元	0.28	
四	综合费	元	50.28	
五	税金	元	22.63	
人工、主要材料单方用量				
	项 目 名 称	单位	单价	数量	合价
一	人工	工日	117.50	0.19	22.33
二	加气混凝土砌块	m³	478.79	0.06	28.73
三	ALC轻质墙板	m³	800.00	0.15	120.00

单位：m²

序号	指标编号		2F-010（1）	
	项　目	单位	装配率75%（钢框架结构）	
			主体结构	
			金额	占指标基价比例（%）
	指　标　基　价	元	2 360.74	100
一	建筑工程费用	元	1 955.06	83
二	安装工程费用	元	0.00	0
三	设备购置费	元	0.00	0
四	工程建设其他费	元	293.26	12
五	基本预备费	元	112.42	5
建筑安装工程单方造价				
	项 目 名 称	单位	金额	
一	人工费	元	207.98	
二	材料费	元	1 134.57	
三	机械费	元	92.35	
四	综合费	元	358.73	
五	税金	元	161.43	

人工、主要材料单方用量

	项 目 名 称	单位	单价	数量	合价
一	人工	工日	117.50	1.77	207.98
二	钢构件	kg	7.50	53.77	403.28
三	防火涂料	kg	6.00	17.08	102.48
四	钢筋	kg	4.34	18.63	80.85
五	混凝土	m³	482.20	0.18	86.80
六	楼承板	m²	90.00	0.84	75.60

单位：m²

序号	项目	单位	指标编号	2F-010（2）	
				装配率 75%（钢框架结构）	
				围护墙和内隔墙	
				金额	占指标基价比例（%）
	指标基价	元		330.88	100
一	建筑工程费用	元		274.02	83
二	安装工程费用	元		0.00	0
三	设备购置费	元		0.00	0
四	工程建设其他费	元		41.10	12
五	基本预备费	元		15.76	5

建筑安装工程单方造价

	项目名称	单位	金额
一	人工费	元	22.33
二	材料费	元	178.50
三	机械费	元	0.28
四	综合费	元	50.28
五	税金	元	22.63

人工、主要材料单方用量

	项目名称	单位	单价	数量	合价
一	人工	工日	117.50	0.19	22.33
二	加气混凝土砌块	m³	478.79	0.06	28.73
三	ALC 轻质墙板	m³	800.00	0.15	120.00

单位: m²

序号	项 目	单位	指标编号	2F-011（1）
			装配率 90%（钢框架结构）	
			主体结构	
			金额	占指标基价比例（%）
	指 标 基 价	元	2 360.74	100
一	建筑工程费用	元	1 955.06	83
二	安装工程费用	元	0.00	0
三	设备购置费	元	0.00	0
四	工程建设其他费	元	293.26	12
五	基本预备费	元	112.42	5

建筑安装工程单方造价

	项 目 名 称	单位	金额
一	人工费	元	207.98
二	材料费	元	1 134.57
三	机械费	元	92.35
四	综合费	元	358.73
五	税金	元	161.43

人工、主要材料单方用量

	项 目 名 称	单位	单价	数量	合价
一	人工	工日	117.50	1.77	207.98
二	钢构件	kg	7.50	53.77	403.28
三	防火涂料	kg	6.00	17.08	102.48
四	钢筋	kg	4.34	18.63	80.85
五	混凝土	m³	482.20	0.18	86.80
六	楼承板	m²	90.00	0.84	75.60

单位：m²

序号	项　目	单位	指标编号	2F-011（2）
			装配率90%（钢框架结构）	
			围护墙和内隔墙	
			金额	占指标基价比例（%）
	指　标　基　价	元	330.88	100
一	建筑工程费用	元	274.02	83
二	安装工程费用	元	0.00	0
三	设备购置费	元	0.00	0
四	工程建设其他费	元	41.10	12
五	基本预备费	元	15.76	5

建筑安装工程单方造价

	项　目　名　称	单位	金额	
一	人工费	元	22.33	
二	材料费	元	178.50	
三	机械费	元	0.28	
四	综合费	元	50.28	
五	税金	元	22.63	

人工、主要材料单方用量

	项　目　名　称	单位	单价	数量	合价
一	人工	工日	117.50	0.19	22.33
二	加气混凝土砌块	m³	478.79	0.06	28.73
三	ALC轻质墙板	m³	800.00	0.15	120.00

单位：m²

序号	指 标 编 号		2F-012（1）	
			装配率 90% 以上（钢框架结构）	
	项　目	单位	主体结构	
			金额	占指标基价比例（%）
	指 标 基 价	元	2 360.74	100
一	建筑工程费用	元	1 955.06	83
二	安装工程费用	元	0.00	0
三	设备购置费	元	0.00	0
四	工程建设其他费	元	293.26	12
五	基本预备费	元	112.42	5
建筑安装工程单方造价				
	项 目 名 称	单位	金额	
一	人工费	元	207.98	
二	材料费	元	1 134.57	
三	机械费	元	92.35	
四	综合费	元	358.73	
五	税金	元	161.43	
人工、主要材料单方用量				
	项 目 名 称	单位	单价	数量	合价
一	人工	工日	117.50	1.77	207.98
二	钢构件	kg	7.50	53.77	403.28
三	防火涂料	kg	6.00	17.08	102.48
四	钢筋	kg	4.34	18.63	80.85
五	混凝土	m³	482.20	0.18	86.80
六	楼承板	m²	90.00	0.84	75.60

单位：m²

序号	项 目	单位	指 标 编 号	2F-012（2）
			装配率90%以上（钢框架结构）	
			围护墙和内隔墙	
			金额	占指标基价比例（%）
	指 标 基 价	元	330.88	100
一	建筑工程费用	元	274.02	83
二	安装工程费用	元	0.00	0
三	设备购置费	元	0.00	0
四	工程建设其他费	元	41.10	12
五	基本预备费	元	15.76	5

建筑安装工程单方造价

	项 目 名 称	单位	金额	
一	人工费	元	22.33	
二	材料费	元	178.50	
三	机械费	元	0.28	
四	综合费	元	50.28	
五	税金	元	22.63	

人工、主要材料单方用量

	项 目 名 称	单位	单价	数量	合价
一	人工	工日	117.50	0.19	22.33
二	加气混凝土砌块	m³	478.79	0.06	28.73
三	ALC轻质墙板	m³	800.00	0.15	120.00

（2）高层（27m<H ≤ 100m）

单位：m²

序号	指 标 编 号		2F-013（1）	
	项　　目	单位	装配率30%（钢框架 – 支撑结构）	
			主体结构	
			金额	占指标基价比例（%）
	指 标 基 价	元	2 388.77	100
一	建筑工程费用	元	1 978.28	83
二	安装工程费用	元	0.00	0
三	设备购置费	元	0.00	0
四	工程建设其他费	元	296.74	12
五	基本预备费	元	113.75	5
建筑安装工程单方造价				
	项 目 名 称	单位	金额	
一	人工费	元	179.78	
二	材料费	元	1 217.89	
三	机械费	元	54.28	
四	综合费	元	362.99	
五	税金	元	163.34	
人工、主要材料单方用量				
	项 目 名 称	单位	单价	数量	合价
一	人工	工日	117.50	1.53	179.78
二	钢构件	kg	7.50	104.95	787.13
三	防火涂料	kg	6.00	21.42	128.52
四	钢筋	kg	4.34	15.68	68.05
五	混凝土	m³	482.20	0.22	106.08

单位:m²

序号	指 标 编 号		2F-013（2）	
	项 目	单位	装配率30%（钢框架－支撑结构）	
			围护墙和内隔墙	
			金额	占指标基价比例（%）
	指 标 基 价	元	238.34	100
一	建筑工程费用	元	197.38	83
二	安装工程费用	元	0.00	0
三	设备购置费	元	0.00	0
四	工程建设其他费	元	29.61	12
五	基本预备费	元	11.35	5
建筑安装工程单方造价				
	项 目 名 称	单位	金额	
一	人工费	元	28.20	
二	材料费	元	116.54	
三	机械费	元	0.12	
四	综合费	元	36.22	
五	税金	元	16.30	
人工、主要材料单方用量				
	项 目 名 称	单位	单价	数量	合价
一	人工	工日	117.50	0.24	28.20
二	加气混凝土砌块	m³	478.80	0.21	100.55

单位：m²

序号	指标编号		2F-014（1）	
	项　目	单位	装配率50%（钢框架－支撑结构）	
			主体结构	
			金额	占指标基价比例（％）
	指 标 基 价	元	2 422.85	100
一	建筑工程费用	元	2 006.50	83
二	安装工程费用	元	0.00	0
三	设备购置费	元	0.00	0
四	工程建设其他费	元	300.98	12
五	基本预备费	元	115.37	5
建筑安装工程单方造价				
	项 目 名 称	单位	金额	
一	人工费	元	178.60	
二	材料费	元	1 238.38	
三	机械费	元	55.68	
四	综合费	元	368.17	
五	税金	元	165.67	
人工、主要材料单方用量				
	项 目 名 称	单位	单价	数量	合价
一	人工	工日	117.50	1.52	178.60
二	钢构件	kg	7.50	104.95	787.13
三	防火涂料	kg	6.00	21.42	128.52
四	钢筋	kg	4.34	15.68	68.05
五	混凝土	m³	482.20	0.22	106.08

单位：m²

序号	指 标 编 号		2F-014（2）	
	项　目	单位	装配率50%（钢框架 – 支撑结构）	
			围护墙和内隔墙	
			金额	占指标基价比例（％）
	指 标 基 价	元	329.18	100
一	建筑工程费用	元	272.61	83
二	安装工程费用	元	0.00	0
三	设备购置费	元	0.00	0
四	工程建设其他费	元	40.89	12
五	基本预备费	元	15.68	5
建筑安装工程单方造价				
	项 目 名 称	单位	金额	
一	人工费	元	25.85	
二	材料费	元	174.01	
三	机械费	元	0.22	
四	综合费	元	50.02	
五	税金	元	22.51	
人工、主要材料单方用量				
	项 目 名 称	单位	单价	数量	合价
一	人工	工日	117.50	0.22	25.85
二	加气混凝土砌块	m³	478.80	0.09	43.09
三	ALC轻质墙板	m³	800.00	0.13	104.00

单位:m²

指标编号			2F-015(1)	
序号	项目	单位	装配率60%(钢框架–支撑结构)	
			主体结构	
			金额	占指标基价比例(%)
	指标基价	元	2 497.65	100
一	建筑工程费用	元	2 068.44	83
二	安装工程费用	元	0.00	0
三	设备购置费	元	0.00	0
四	工程建设其他费	元	310.27	12
五	基本预备费	元	118.94	5
建筑安装工程单方造价				
项目名称		单位	金额	
一	人工费	元	170.38	
二	材料费	元	1 263.24	
三	机械费	元	84.50	
四	综合费	元	379.53	
五	税金	元	170.79	
人工、主要材料单方用量				
项目名称		单位	单价	数量	合价
一	人工	工日	117.50	1.45	170.38
二	钢构件	kg	7.50	104.95	787.13
三	防火涂料	kg	6.00	21.42	128.52
四	钢筋	kg	4.34	10.84	47.05
五	混凝土	m³	482.20	0.22	106.08
六	楼承板	m²	90.00	0.48	43.20

单位：m²

序号	指 标 编 号		2F-015（2）	
	项　　目	单位	装配率60%（钢框架－支撑结构）	
			围护墙和内隔墙	
			金额	占指标基价比例（％）
	指 标 基 价	元	329.18	100
一	建筑工程费用	元	272.61	83
二	安装工程费用	元	0.00	0
三	设备购置费	元	0.00	0
四	工程建设其他费	元	40.89	12
五	基本预备费	元	15.68	5
建筑安装工程单方造价				
	项 目 名 称	单位	金额	
一	人工费	元	25.85	
二	材料费	元	174.01	
三	机械费	元	0.22	
四	综合费	元	50.02	
五	税金	元	22.51	
人工、主要材料单方用量				
	项 目 名 称	单位	单价	数量	合价
一	人工	工日	117.50	0.22	25.85
二	加气混凝土砌块	m³	478.80	0.09	43.09
三	ALC轻质墙板	m³	800.00	0.13	104.00

单位：m²

序号	指标编号		2F-016（1）	
	项　目	单位	装配率 75%（钢框架 – 支撑结构）	
			主体结构	
			金额	占指标基价比例（%）
	指标基价	元	2 556.28	100
一	建筑工程费用	元	2 117.00	83
二	安装工程费用	元	0.00	0
三	设备购置费	元	0.00	0
四	工程建设其他费	元	317.55	12
五	基本预备费	元	121.73	5
建筑安装工程单方造价				
	项 目 名 称	单位	金额	
一	人工费	元	164.50	
二	材料费	元	1 303.60	
三	机械费	元	85.66	
四	综合费	元	388.44	
五	税金	元	174.80	
人工、主要材料单方用量				
	项 目 名 称	单位	单价	数量	合价
一	人工	工日	117.50	1.40	164.50
二	钢构件	kg	7.50	104.95	787.13
三	防火涂料	kg	6.00	21.42	128.52
四	钢筋	kg	4.34	10.85	47.09
五	混凝土	m³	482.20	0.22	106.08
六	楼承板	m²	90.00	0.95	85.50

单位：m²

序号	指 标 编 号		2F-016（2）	
	项　　目	单位	装配率75%（钢框架 – 支撑结构）	
			围护墙和内隔墙	
			金额	占指标基价比例（％）
	指 标 基 价	元	329.18	100
一	建筑工程费用	元	272.61	83
二	安装工程费用	元	0.00	0
三	设备购置费	元	0.00	0
四	工程建设其他费	元	40.89	12
五	基本预备费	元	15.68	5
建筑安装工程单方造价				
	项 目 名 称	单位	金额	
一	人工费	元	25.85	
二	材料费	元	174.01	
三	机械费	元	0.22	
四	综合费	元	50.02	
五	税金	元	22.51	
人工、主要材料单方用量				
	项 目 名 称	单位	单价	数量	合价
一	人工	工日	117.50	0.22	25.85
二	加气混凝土砌块	m³	478.80	0.09	43.09
三	ALC轻质墙板	m³	800.00	0.13	104.00

单位: m²

序号	项 目	单位	指 标 编 号	2F-017（1）
			装配率90%（钢框架 – 支撑结构）	
			主体结构	
			金额	占指标基价比例（%）
	指 标 基 价	元	2 556.28	100
一	建筑工程费用	元	2 117.00	83
二	安装工程费用	元	0.00	0
三	设备购置费	元	0.00	0
四	工程建设其他费	元	317.55	12
五	基本预备费	元	121.73	5

建筑安装工程单方造价			
项 目 名 称	单位	金额	
一	人工费	元	164.50
二	材料费	元	1 303.60
三	机械费	元	85.66
四	综合费	元	388.44
五	税金	元	174.80

人工、主要材料单方用量				
项 目 名 称	单位	单价	数量	合价
一 人工	工日	117.50	1.40	164.50
二 钢构件	kg	7.50	104.95	787.13
三 防火涂料	kg	6.00	21.42	128.52
四 钢筋	kg	4.34	10.85	47.09
五 混凝土	m³	482.20	0.22	106.08
六 楼承板	m²	90.00	0.95	85.50

单位: m²

序号	指 标 编 号		2F-017（2）	
	项　　目	单位	装配率90%（钢框架 – 支撑结构）	
			围护墙和内隔墙	
			金额	占指标基价比例（%）
	指 标 基 价	元	329.18	100
一	建筑工程费用	元	272.61	83
二	安装工程费用	元	0.00	0
三	设备购置费	元	0.00	0
四	工程建设其他费	元	40.89	12
五	基本预备费	元	15.68	5
建筑安装工程单方造价				
	项 目 名 称	单位	金额	
一	人工费	元	25.85	
二	材料费	元	174.01	
三	机械费	元	0.22	
四	综合费	元	50.02	
五	税金	元	22.51	
人工、主要材料单方用量				
	项 目 名 称	单位	单价	数量	合价
一	人工	工日	117.50	0.22	25.85
二	加气混凝土砌块	m³	478.80	0.09	43.09
三	ALC轻质墙板	m³	800.00	0.13	104.00

单位：m²

序号	指 标 编 号		2F-018（1）	
	项 目	单位	装配率90%以上（钢框架 – 支撑结构）	
			主体结构	
			金额	占指标基价比例（%）
	指 标 基 价	元	2 556.28	100
一	建筑工程费用	元	2 117.00	83
二	安装工程费用	元	0.00	0
三	设备购置费	元	0.00	0
四	工程建设其他费	元	317.55	12
五	基本预备费	元	121.73	5
建筑安装工程单方造价				
	项 目 名 称	单位	金额	
一	人工费	元	164.50	
二	材料费	元	1 303.60	
三	机械费	元	85.66	
四	综合费	元	388.44	
五	税金	元	174.80	

人工、主要材料单方用量

	项 目 名 称	单位	单价	数量	合价
一	人工	工日	117.50	1.40	164.50
二	钢构件	kg	7.50	104.95	787.13
三	防火涂料	kg	6.00	21.42	128.52
四	钢筋	kg	4.34	10.85	47.09
五	混凝土	m³	482.20	0.22	106.08
六	楼承板	m²	90.00	0.95	85.50

单位：m²

序号	指 标 编 号		2F-018（2）	
	项 目	单位	装配率90%以上（钢框架 – 支撑结构）	
			围护墙和内隔墙	
			金额	占指标基价比例（%）
	指 标 基 价	元	329.18	100
一	建筑工程费用	元	272.61	83
二	安装工程费用	元	0.00	0
三	设备购置费	元	0.00	0
四	工程建设其他费	元	40.89	12
五	基本预备费	元	15.68	5

建筑安装工程单方造价

	项 目 名 称	单位	金额
一	人工费	元	25.85
二	材料费	元	174.01
三	机械费	元	0.22
四	综合费	元	50.02
五	税金	元	22.51

人工、主要材料单方用量

	项 目 名 称	单位	单价	数量	合价
一	人工	工日	117.50	0.22	25.85
二	加气混凝土砌块	m³	478.80	0.09	43.09
三	ALC轻质墙板	m³	800.00	0.13	104.00

单位：m²

序号	指标编号		2F-019（1）	
	项　目	单位	装配率30% （钢框架 - 钢筋混凝土核心筒结构）	
			主体结构	
			金额	占指标基价比例 （%）
	指标基价	元	2 134.59	100
一	建筑工程费用	元	1 767.77	83
二	安装工程费用	元	0.00	0
三	设备购置费	元	0.00	0
四	工程建设其他费	元	265.17	12
五	基本预备费	元	101.65	5
建筑安装工程单方造价				
	项 目 名 称	单位	金额	
一	人工费	元	184.48	
二	材料费	元	1 033.32	
三	机械费	元	79.65	
四	综合费	元	324.36	
五	税金	元	145.96	
人工、主要材料单方用量				
	项 目 名 称	单位	单价	数量	合价
一	人工	工日	117.50	1.57	184.48
二	钢构件	kg	7.50	67.01	502.58
三	防火涂料	kg	6.00	13.07	78.42
四	钢筋	kg	4.34	32.03	139.01
五	混凝土	m³	482.20	0.33	159.13

单位：m²

序号	指 标 编 号		2F-019（2）	
	项　目	单位	装配率30% （钢框架－钢筋混凝土核心筒结构）	
			围护墙和内隔墙	
			金额	占指标基价比例 （%）
	指 标 基 价	元	201.52	100
一	建筑工程费用	元	166.89	83
二	安装工程费用	元	0.00	0
三	设备购置费	元	0.00	0
四	工程建设其他费	元	25.03	12
五	基本预备费	元	9.60	5
建筑安装工程单方造价				
	项 目 名 称	单位	金额	
一	人工费	元	21.15	
二	材料费	元	101.05	
三	机械费	元	0.29	
四	综合费	元	30.62	
五	税金	元	13.78	
人工、主要材料单方用量				
	项 目 名 称	单位	单价	数量	合价
一	人工	工日	117.50	0.18	21.15
二	加气混凝土砌块	m³	478.80	0.18	86.18

单位：m²

指 标 编 号			2F-020（1）	
序号	项　目	单位	装配率50%（钢框架–钢筋混凝土核心筒结构）	
			主体结构	
			金额	占指标基价比例（%）
	指 标 基 价	元	2 150.61	100
一	建筑工程费用	元	1 781.04	83
二	安装工程费用	元	0.00	0
三	设备购置费	元	0.00	0
四	工程建设其他费	元	267.16	12
五	基本预备费	元	102.41	5
建筑安装工程单方造价				
	项 目 名 称	单位	金额	
一	人工费	元	184.48	
二	材料费	元	1 042.41	
三	机械费	元	80.29	
四	综合费	元	326.80	
五	税金	元	147.06	
人工、主要材料单方用量				
	项 目 名 称	单位	单价	数量	合价
一	人工	工日	117.50	1.57	184.48
二	钢构件	kg	7.50	67.01	502.58
三	防火涂料	kg	6.00	13.07	78.42
四	钢筋	kg	4.34	32.03	139.01
五	混凝土	m³	482.20	0.33	159.13

单位：m²

序号	指 标 编 号		2F-020（2）	
	项　　目	单位	装配率 50%（钢框架 – 钢筋混凝土核心筒结构）	
			围护墙和内隔墙	
			金额	占指标基价比例（%）
	指 标 基 价	元	255.97	100
一	建筑工程费用	元	211.98	83
二	安装工程费用	元	0.00	0
三	设备购置费	元	0.00	0
四	工程建设其他费	元	31.80	12
五	基本预备费	元	12.19	5

建筑安装工程单方造价

	项 目 名 称	单位	金额	
一	人工费	元	16.45	
二	材料费	元	138.94	
三	机械费	元	0.19	
四	综合费	元	38.90	
五	税金	元	17.50	

人工、主要材料单方用量

	项 目 名 称	单位	单价	数量	合价
一	人工	工日	117.50	0.14	16.45
二	ALC 轻质墙板	m³	800.00	0.14	112.00

单位：m²

指 标 编 号			2F-021（1）	
序号	项　　目	单位	装配率60%（钢框架–钢筋混凝土核心筒结构）	
			主体结构	
			金额	占指标基价比例（%）
	指 标 基 价	元	2 246.57	100
一	建筑工程费用	元	1 860.51	83
二	安装工程费用	元	0.00	0
三	设备购置费	元	0.00	0
四	工程建设其他费	元	279.08	12
五	基本预备费	元	106.98	5
建筑安装工程单方造价				
	项 目 名 称	单位	金额	
一	人工费	元	182.13	
二	材料费	元	1 101.22	
三	机械费	元	82.16	
四	综合费	元	341.38	
五	税金	元	153.62	
人工、主要材料单方用量				
	项 目 名 称	单位	单价	数量	合价
一	人工	工日	117.50	1.55	182.13
二	钢构件	kg	7.50	67.01	502.58
三	防火涂料	kg	6.00	13.07	78.41
四	钢筋	kg	4.34	31.33	135.97
五	混凝土	m³	482.20	0.33	159.13
六	楼承板	m²	90.00	0.77	69.30

单位: m²

序号	项 目	单位	指 标 编 号	2F-021（2）
				装配率60% （钢框架 - 钢筋混凝土核心筒结构）
				围护墙和内隔墙
			金额	占指标基价比例 （%）
	指 标 基 价	元	255.97	100
一	建筑工程费用	元	211.98	83
二	安装工程费用	元	0.00	0
三	设备购置费	元	0.00	0
四	工程建设其他费	元	31.80	12
五	基本预备费	元	12.19	5

建筑安装工程单方造价

序号	项 目 名 称	单位	金额
一	人工费	元	16.45
二	材料费	元	138.94
三	机械费	元	0.19
四	综合费	元	38.90
五	税金	元	17.50

人工、主要材料单方用量

序号	项 目 名 称	单位	单价	数量	合价
一	人工	工日	117.50	0.14	16.45
二	ALC轻质墙板	m³	800.00	0.14	112.00

单位：m²

序号	项 目	单位	指 标 编 号	2F-022（1）
				装配率 75% （钢框架 – 钢筋混凝土核心筒结构）
				主体结构
			金额	占指标基价比例 （%）
	指 标 基 价	元	2 246.57	100
一	建筑工程费用	元	1 860.51	83
二	安装工程费用	元	0.00	0
三	设备购置费	元	0.00	0
四	工程建设其他费	元	279.08	12
五	基本预备费	元	106.98	5

建筑安装工程单方造价

项 目 名 称	单位	金额
一 人工费	元	182.13
二 材料费	元	1 101.22
三 机械费	元	82.16
四 综合费	元	341.38
五 税金	元	153.62

人工、主要材料单方用量

项 目 名 称	单位	单价	数量	合价
一 人工	工日	117.50	1.55	182.13
二 钢构件	kg	7.50	67.01	502.58
三 防火涂料	kg	6.00	13.07	78.42
四 钢筋	kg	4.34	31.33	135.97
五 混凝土	m³	482.20	0.33	159.13
六 楼承板	m²	90.00	0.77	69.30

单位：m²

指 标 编 号			2F-022（2）	
序号	项　　目	单位	装配率75% （钢框架－钢筋混凝土核心筒结构）	
			围护墙和内隔墙	
			金额	占指标基价比例 （%）
	指 标 基 价	元	255.97	100
一	建筑工程费用	元	211.98	83
二	安装工程费用	元	0.00	0
三	设备购置费	元	0.00	0
四	工程建设其他费	元	31.80	12
五	基本预备费	元	12.19	5
建筑安装工程单方造价				
	项 目 名 称	单位	金额	
一	人工费	元	16.45	
二	材料费	元	138.94	
三	机械费	元	0.19	
四	综合费	元	38.90	
五	税金	元	17.50	
人工、主要材料单方用量				
	项 目 名 称	单位	单价	数量	合价
一	人工	工日	117.50	0.14	16.45
二	ALC轻质墙板	m³	800.00	0.14	112.00

单位：m²

序号	项目	单位	指标编号	2F-023（1）
			装配率90%（钢框架－钢筋混凝土核心筒结构）	
			主体结构	
			金额	占指标基价比例（%）
	指标基价	元	2 246.57	100
一	建筑工程费用	元	1 860.51	83
二	安装工程费用	元	0.00	0
三	设备购置费	元	0.00	0
四	工程建设其他费	元	279.08	12
五	基本预备费	元	106.98	5
建筑安装工程单方造价				
	项目名称	单位	金额	
一	人工费	元	182.13	
二	材料费	元	1 101.22	
三	机械费	元	82.16	
四	综合费	元	341.38	
五	税金	元	153.62	
人工、主要材料单方用量				
	项目名称	单位	单价	数量	合价
一	人工	工日	117.50	1.55	182.13
二	钢构件	kg	7.50	67.01	502.58
三	防火涂料	kg	6.00	13.07	78.42
四	钢筋	kg	4.34	31.33	135.97
五	混凝土	m³	482.20	0.33	159.13
六	楼承板	m²	90.00	0.77	69.30

单位：m²

序号	指 标 编 号		2F-023（2）	
	项 目	单位	装配率90% （钢框架－钢筋混凝土核心筒结构）	
			围护墙和内隔墙	
			金额	占指标基价比例 （%）
	指 标 基 价	元	255.97	100
一	建筑工程费用	元	211.98	83
二	安装工程费用	元	0.00	0
三	设备购置费	元	0.00	0
四	工程建设其他费	元	31.80	12
五	基本预备费	元	12.19	5

建筑安装工程单方造价

	项 目 名 称	单位	金额	
一	人工费	元	16.45	
二	材料费	元	138.94	
三	机械费	元	0.19	
四	综合费	元	38.90	
五	税金	元	17.50	

人工、主要材料单方用量

	项 目 名 称	单位	单价	数量	合价
一	人工	工日	117.50	0.14	16.45
二	ALC轻质墙板	m³	800.00	0.14	112.00

（3）超高层居住类

单位：m²

序号	指标 编 号		2F-024（1）	
	项　目	单位	装配率30%（钢框架－钢板剪力墙结构）	
			主体结构	
			金额	占指标基价比例（%）
	指 标 基 价	元	3 858.03	100
一	建筑工程费用	元	3 195.05	83
二	安装工程费用	元	0.00	0
三	设备购置费	元	0.00	0
四	工程建设其他费	元	479.26	12
五	基本预备费	元	183.72	5
建筑安装工程单方造价				
	项 目 名 称	单位	金额	
一	人工费	元	183.30	
二	材料费	元	2 084.59	
三	机械费	元	77.10	
四	综合费	元	586.25	
五	税金	元	263.81	
人工、主要材料单方用量				
	项 目 名 称	单位	单价	数量	合价
一	人工	工日	117.50	1.56	183.30
二	钢构件	kg	7.50	181.86	1 363.95
三	防火涂料	kg	6.00	21.17	127.02
四	钢筋	kg	4.34	16.69	72.43
五	混凝土	m³	482.20	0.22	106.08

单位：m²

序号	指 标 编 号		2F-024（2）	
	项 目	单位	装配率30%（钢框架－钢板剪力墙结构）	
			围护墙和内隔墙	
			金额	占指标基价比例（%）
	指 标 基 价	元	164.78	100
一	建筑工程费用	元	136.46	83
二	安装工程费用	元	0.00	0
三	设备购置费	元	0.00	0
四	工程建设其他费	元	20.47	12
五	基本预备费	元	7.85	5
建筑安装工程单方造价				
	项 目 名 称	单位	金额	
一	人工费	元	18.80	
二	材料费	元	81.09	
三	机械费	元	0.26	
四	综合费	元	25.04	
五	税金	元	11.27	
人工、主要材料单方用量				
	项 目 名 称	单位	单价	数量	合价
一	人工	工日	117.50	0.16	18.80
二	加气混凝土砌块	m³	478.80	0.15	71.82

单位：m²

序号	指 标 编 号		2F-025（1）	
	项　　目	单位	装配率50%（钢框架–钢板剪力墙结构）	
			主体结构	
			金额	占指标基价比例（%）
	指 标 基 价	元	3 905.46	100
一	建筑工程费用	元	3 234.34	83
二	安装工程费用	元	0.00	0
三	设备购置费	元	0.00	0
四	工程建设其他费	元	485.15	12
五	基本预备费	元	185.97	5
建筑安装工程单方造价				
	项 目 名 称	单位	金额	
一	人工费	元	180.95	
二	材料费	元	2 083.59	
三	机械费	元	109.28	
四	综合费	元	593.46	
五	税金	元	267.06	
人工、主要材料单方用量				
	项 目 名 称	单位	单价	数量	合价
一	人工	工日	117.50	1.54	180.95
二	钢构件	kg	7.50	181.86	1 363.95
三	防火涂料	kg	6.00	21.17	127.02
四	钢筋	kg	4.34	17.21	74.69
五	混凝土	m³	482.20	0.21	101.26

单位：m²

序号	指 标 编 号		2F-025（2）	
	项　　目	单位	装配率50%（钢框架 – 钢板剪力墙结构）	
			围护墙和内隔墙	
			金额	占指标基价比例（%）
	指 标 基 价	元	239.96	100
一	建筑工程费用	元	198.72	83
二	安装工程费用	元	0.00	0
三	设备购置费	元	0.00	0
四	工程建设其他费	元	29.81	12
五	基本预备费	元	11.43	5

建筑安装工程单方造价			
项 目 名 称	单位	金额	
一	人工费	元	15.28
二	材料费	元	129.88
三	机械费	元	0.69
四	综合费	元	36.46
五	税金	元	16.41

人工、主要材料单方用量				
项 目 名 称	单位	单价	数量	合价
一	人工	工日	117.50	0.13	15.28
二	ALC轻质墙板	m³	800.00	0.13	104.00

单位：m²

序号	指标编号		2F-026（1）	
	项 目	单位	装配率60%（钢框架－钢板剪力墙结构）	
			主体结构	
			金额	占指标基价比例（%）
	指 标 基 价	元	4 006.23	100
一	建筑工程费用	元	3 317.79	83
二	安装工程费用	元	0.00	0
三	设备购置费	元	0.00	0
四	工程建设其他费	元	497.67	12
五	基本预备费	元	190.77	5
建筑安装工程单方造价				
	项 目 名 称	单位	金额	
一	人工费	元	173.90	
二	材料费	元	2 150.35	
三	机械费	元	110.82	
四	综合费	元	608.77	
五	税金	元	273.95	
人工、主要材料单方用量				
	项 目 名 称	单位	单价	数量	合价
一	人工	工日	117.50	1.48	173.90
二	钢构件	kg	7.50	181.86	1 363.95
三	防火涂料	kg	6.00	21.17	127.02
四	钢筋	kg	4.34	12.12	52.60
五	混凝土	m³	482.20	0.21	101.26
六	楼承板	m²	90.00	0.67	60.30

单位: m²

序号	指 标 编 号		2F-026(2)	
	项　　目	单位	装配率60%(钢框架－钢板剪力墙结构)	
			围护墙和内隔墙	
			金额	占指标基价比例(%)
	指 标 基 价	元	239.96	100
一	建筑工程费用	元	198.72	83
二	安装工程费用	元	0.00	0
三	设备购置费	元	0.00	0
四	工程建设其他费	元	29.81	12
五	基本预备费	元	11.43	5
建筑安装工程单方造价				
	项 目 名 称	单位	金额	
一	人工费	元	15.28	
二	材料费	元	129.88	
三	机械费	元	0.69	
四	综合费	元	36.46	
五	税金	元	16.41	
人工、主要材料单方用量				
	项 目 名 称	单位	单价	数量	合价
一	人工	工日	117.50	0.13	15.28
二	ALC轻质墙板	m³	800.00	0.13	104.00

单位：m²

指 标 编 号			2F-027（1）	
序号	项　目	单位	装配率 75%（钢框架 – 钢板剪力墙结构）	
			主体结构	
			金额	占指标基价比例（%）
	指 标 基 价	元	4 066.83	100
一	建筑工程费用	元	3 367.97	83
二	安装工程费用	元	0.00	0
三	设备购置费	元	0.00	0
四	工程建设其他费	元	505.20	12
五	基本预备费	元	193.66	5
建筑安装工程单方造价				
	项 目 名 称	单位	金额	
一	人工费	元	171.55	
二	材料费	元	2 188.83	
三	机械费	元	111.52	
四	综合费	元	617.98	
五	税金	元	278.09	
人工、主要材料单方用量				
	项 目 名 称	单位	单价	数量	合价
一	人工	工日	117.50	1.46	171.55
二	钢构件	kg	7.50	181.86	1 363.95
三	防火涂料	kg	6.00	21.17	127.02
四	钢筋	kg	4.34	12.13	52.64
五	混凝土	m³	482.20	0.21	101.26
六	楼承板	m²	90.00	0.95	85.50

单位：m²

序号	指 标 编 号		2F-027（2）	
	项　目	单位	装配率75%（钢框架－钢板剪力墙结构）	
			围护墙和内隔墙	
			金额	占指标基价比例（%）
	指 标 基 价	元	239.96	100
一	建筑工程费用	元	198.72	83
二	安装工程费用	元	0.00	0
三	设备购置费	元	0.00	0
四	工程建设其他费	元	29.81	12
五	基本预备费	元	11.43	5
建筑安装工程单方造价				
	项 目 名 称	单位	金额	
一	人工费	元	15.28	
二	材料费	元	129.88	
三	机械费	元	0.69	
四	综合费	元	36.46	
五	税金	元	16.41	
人工、主要材料单方用量				
	项 目 名 称	单位	单价	数量	合价
一	人工	工日	117.50	0.13	15.28
二	ALC轻质墙板	m³	800.00	0.13	104.00

单位：m²

序号	指标编号		2F-028（1）	
	项 目	单位	装配率90%（钢框架－钢板剪力墙结构）	
			主体结构	
			金额	占指标基价比例（%）
	指 标 基 价	元	4 066.83	100
一	建筑工程费用	元	3 367.97	83
二	安装工程费用	元	0.00	0
三	设备购置费	元	0.00	0
四	工程建设其他费	元	505.20	12
五	基本预备费	元	193.66	5
建筑安装工程单方造价				
	项 目 名 称	单位	金额	
一	人工费	元	171.55	
二	材料费	元	2 188.83	
三	机械费	元	111.52	
四	综合费	元	618.98	
五	税金	元	278.09	

人工、主要材料单方用量

	项 目 名 称	单位	单价	数量	合价
一	人工	工日	117.50	1.46	171.55
二	钢构件	kg	7.50	181.86	1 363.95
三	防火涂料	kg	6.00	21.17	127.02
四	钢筋	kg	4.34	12.13	52.64
五	混凝土	m³	482.20	0.21	101.26
六	楼承板	m²	90.00	0.95	85.50

单位：m²

序号	指标 编 号		2F-028（2）	
	项　目	单位	装配率90%（钢框架－钢板剪力墙结构）	
			围护墙和内隔墙	
			金额	占指标基价比例（％）
	指 标 基 价	元	239.96	100
一	建筑工程费用	元	198.72	83
二	安装工程费用	元	0.00	0
三	设备购置费	元	0.00	0
四	工程建设其他费	元	29.81	12
五	基本预备费	元	11.43	5
建筑安装工程单方造价				
	项 目 名 称	单位	金额	
一	人工费	元	15.28	
二	材料费	元	129.88	
三	机械费	元	0.69	
四	综合费	元	36.46	
五	税金	元	16.41	
人工、主要材料单方用量				
	项 目 名 称	单位	单价	数量	合价
一	人工	工日	117.50	0.13	15.28
二	ALC轻质墙板	m³	800.00	0.13	104.00

单位: m²

序号	项目	单位	指标编号	2F-029（1）
			装配率 90% 以上（钢框架 – 钢板剪力墙结构）	
			主体结构	
			金额	占指标基价比例（%）
	指标基价	元	4 066.83	100
一	建筑工程费用	元	3 367.97	83
二	安装工程费用	元	0.00	0
三	设备购置费	元	0.00	0
四	工程建设其他费	元	505.20	12
五	基本预备费	元	193.66	5

建筑安装工程单方造价

序号	项目名称	单位	金额
一	人工费	元	171.55
二	材料费	元	2 188.83
三	机械费	元	111.52
四	综合费	元	617.98
五	税金	元	278.09

人工、主要材料单方用量

序号	项目名称	单位	单价	数量	合价
一	人工	工日	117.50	1.46	171.55
二	钢构件	kg	7.50	181.86	1 363.95
三	防火涂料	kg	6.00	21.17	127.02
四	钢筋	kg	4.34	12.13	52.64
五	混凝土	m³	482.20	0.21	101.26
六	楼承板	m²	90.00	0.95	85.50

单位：m^2

序号	项 目	单位	指 标 编 号	2F-029（2）
				装配率90%以上（钢框架－钢板剪力墙结构）
				围护墙和内隔墙
			金额	占指标基价比例（%）
	指 标 基 价	元	239.96	100
一	建筑工程费用	元	198.72	83
二	安装工程费用	元	0.00	0
三	设备购置费	元	0.00	0
四	工程建设其他费	元	29.81	12
五	基本预备费	元	11.43	5

建筑安装工程单方造价

序号	项 目 名 称	单位	金额
一	人工费	元	15.28
二	材料费	元	129.88
三	机械费	元	0.69
四	综合费	元	36.46
五	税金	元	16.41

人工、主要材料单方用量

	项 目 名 称	单位	单价	数量	合价
一	人工	工日	117.50	0.13	15.28
二	ALC轻质墙板	m^3	800.00	0.13	104.00

单位：m²

序号	指标编号			2F-030（1）	
	项　目	单位		装配率30% （钢框架 – 钢筋混凝土核心筒结构）	
				主体结构	
				金额	占指标基价比例 （%）
	指 标 基 价	元		3 607.17	100
一	建筑工程费用	元		2 987.30	83
二	安装工程费用	元		0.00	0
三	设备购置费	元		0.00	0
四	工程建设其他费	元		448.10	12
五	基本预备费	元		171.77	5
建筑安装工程单方造价					
	项 目 名 称	单位		金额	
一	人工费	元		336.05	
二	材料费	元		1 749.41	
三	机械费	元		107.05	
四	综合费	元		548.13	
五	税金	元		246.66	
人工、主要材料单方用量					
	项 目 名 称	单位	单价	数量	合价
一	人工	工日	117.50	2.86	336.05
二	钢构件	kg	7.50	110.93	831.98
三	防火涂料	kg	6.00	38.62	231.72
四	钢筋	kg	4.34	43.02	186.71
五	混凝土	m³	482.20	0.45	216.99

单位：m²

序号	指 标 编 号		2F-030（2）	
	项　　目	单位	装配率 30%（钢框架 – 钢筋混凝土核心筒结构）	
			围护墙和内隔墙	
			金额	占指标基价比例（%）
	指 标 基 价	元	165.05	100
一	建筑工程费用	元	136.69	83
二	安装工程费用	元	0.00	0
三	设备购置费	元	0.00	0
四	工程建设其他费	元	20.50	12
五	基本预备费	元	7.86	5
建筑安装工程单方造价				
	项 目 名 称	单位	金额	
一	人工费	元	18.80	
二	材料费	元	81.26	
三	机械费	元	0.26	
四	综合费	元	25.08	
五	税金	元	11.29	
人工、主要材料单方用量				
	项 目 名 称	单位	单价	数量	合价
一	人工	工日	117.50	0.16	18.80
二	加气混凝土砌块	m³	478.80	0.16	78.11

单位：m²

序号	项 目	单位	指标编号	2F-031（1）
				装配率 50% （钢框架 – 钢筋混凝土核心筒结构）
				主体结构
			金额	占指标基价比例 （%）
	指 标 基 价	元	3 648.98	100
一	建筑工程费用	元	3 021.93	83
二	安装工程费用	元	0.00	0
三	设备购置费	元	0.00	0
四	工程建设其他费	元	453.29	12
五	基本预备费	元	173.76	5

建筑安装工程单方造价			
项 目 名 称	单位	金额	
一 人工费	元	324.30	
二 材料费	元	1 783.44	
三 机械费	元	110.19	
四 综合费	元	554.48	
五 税金	元	249.52	

人工、主要材料单方用量				
项 目 名 称	单位	单价	数量	合价
一 人工	工日	117.50	2.76	324.30
二 钢构件	kg	7.50	110.93	831.98
三 防火涂料	kg	6.00	38.62	231.72
四 钢筋	kg	4.34	43.92	190.61
五 混凝土	m³	482.20	0.30	144.66

单位：m²

序号	指标编号		2F-031（2）	
	项目	单位	装配率50%（钢框架－钢筋混凝土核心筒结构）	
			围护墙和内隔墙	
			金额	占指标基价比例（%）
	指标基价	元	297.19	100
一	建筑工程费用	元	246.12	83
二	安装工程费用	元	0.00	0
三	设备购置费	元	0.00	0
四	工程建设其他费	元	36.92	12
五	基本预备费	元	14.15	5

建筑安装工程单方造价

	项目名称	单位	金额	
一	人工费	元	18.80	
二	材料费	元	161.62	
三	机械费	元	0.22	
四	综合费	元	45.16	
五	税金	元	20.32	

人工、主要材料单方用量

	项目名称	单位	单价	数量	合价
一	人工	工日	117.50	0.16	18.80
二	ALC轻质墙板	m³	800.00	0.16	128.00

单位：m²

指 标 编 号			2F-032（1）	
序号	项 目	单位	装配率60% （钢框架 – 钢筋混凝土核心筒结构）	
			主体结构	
			金额	占指标基价比例 （%）
	指 标 基 价	元	3 908.51	100
一	建筑工程费用	元	3 236.86	83
二	安装工程费用	元	0.00	0
三	设备购置费	元	0.00	0
四	工程建设其他费	元	485.53	12
五	基本预备费	元	186.12	5

建筑安装工程单方造价

项 目 名 称	单位	金额
一 人工费	元	318.43
二 材料费	元	1 902.25
三 机械费	元	155.00
四 综合费	元	593.92
五 税金	元	267.26

人工、主要材料单方用量

项 目 名 称	单位	单价	数量	合价
一 人工	工日	117.50	2.71	318.43
二 钢构件	kg	7.50	110.93	831.98
三 防火涂料	kg	6.00	38.62	231.72
四 钢筋	kg	4.34	43.92	190.61
五 混凝土	m³	482.20	0.30	144.66
六 楼承板	m²	90.00	0.69	62.10

单位：m²

序号	项 目	单位	指标编号	2F-032（2）
				装配率60% （钢框架－钢筋混凝土核心筒结构）
				围护墙和内隔墙
			金额	占指标基价比例 （%）
	指 标 基 价	元	297.19	100
一	建筑工程费用	元	246.12	83
二	安装工程费用	元	0.00	0
三	设备购置费	元	0.00	0
四	工程建设其他费	元	36.92	12
五	基本预备费	元	14.15	5

建筑安装工程单方造价

项 目 名 称	单位	金额
一 人工费	元	18.80
二 材料费	元	161.62
三 机械费	元	0.22
四 综合费	元	45.16
五 税金	元	20.32

人工、主要材料单方用量

项 目 名 称	单位	单价	数量	合价
一 人工	工日	117.50	0.16	18.80
二 ALC轻质墙板	m³	800.00	0.16	128.00

单位：m²

序号	指 标 编 号		2F-033（1）	
	项　目	单位	装配率75%（钢框架 - 钢筋混凝土核心筒结构）	
			主体结构	
			金额	占指标基价比例（%）
	指 标 基 价	元	3 908.51	100
一	建筑工程费用	元	3 236.86	83
二	安装工程费用	元	0.00	0
三	设备购置费	元	0.00	0
四	工程建设其他费	元	485.53	12
五	基本预备费	元	186.12	5
建筑安装工程单方造价				
	项 目 名 称	单位	金额	
一	人工费	元	318.43	
二	材料费	元	1 902.25	
三	机械费	元	155.00	
四	综合费	元	593.92	
五	税金	元	267.26	
人工、主要材料单方用量				
	项 目 名 称	单位	单价	数量	合价
一	人工	工日	117.50	2.71	318.43
二	钢构件	kg	7.50	110.93	831.98
三	防火涂料	kg	6.00	38.62	231.72
四	钢筋	kg	4.34	43.92	190.61
五	混凝土	m³	482.20	0.30	144.66
六	楼承板	m²	90.00	0.69	62.10

单位：m²

序号	项 目	单位	指标编号	2F-033（2）
				装配率75% （钢框架－钢筋混凝土核心筒结构）
				围护墙和内隔墙
			金额	占指标基价比例 （%）
	指 标 基 价	元	297.19	100
一	建筑工程费用	元	246.12	83
二	安装工程费用	元	0.00	0
三	设备购置费	元	0.00	0
四	工程建设其他费	元	36.92	12
五	基本预备费	元	14.15	5

建筑安装工程单方造价

	项 目 名 称	单位	金额
一	人工费	元	18.80
二	材料费	元	161.62
三	机械费	元	0.22
四	综合费	元	45.16
五	税金	元	20.32

人工、主要材料单方用量

	项 目 名 称	单位	单价	数量	合价
一	人工	工日	117.50	0.16	18.80
二	ALC轻质墙板	m³	800.00	0.16	128.00

单位：m²

序号	项 目	单位	指 标 编 号	2F-034（1）
				装配率90% （钢框架－钢筋混凝土核心筒结构）
				主体结构
			金额	占指标基价比例 （%）
	指 标 基 价	元	3 908.51	100
一	建筑工程费用	元	3 236.86	83
二	安装工程费用	元	0.00	0
三	设备购置费	元	0.00	0
四	工程建设其他费	元	485.53	12
五	基本预备费	元	186.12	5

建筑安装工程单方造价

	项 目 名 称	单位	金额
一	人工费	元	318.43
二	材料费	元	1 902.25
三	机械费	元	155.00
四	综合费	元	593.92
五	税金	元	267.26

人工、主要材料单方用量

	项 目 名 称	单位	单价	数量	合价
一	人工	工日	117.50	2.71	318.43
二	钢构件	kg	7.50	110.93	831.98
三	防火涂料	kg	6.00	38.62	231.72
四	钢筋	kg	4.34	43.92	190.61
五	混凝土	m³	482.20	0.30	144.66
六	楼承板	m²	90.00	0.69	62.10

单位：m²

序号	项 目	单位	指 标 编 号	2F-034（2）
			装配率90%（钢框架 – 钢筋混凝土核心筒结构）	
			围护墙和内隔墙	
			金额	占指标基价比例（%）
	指 标 基 价	元	297.19	100
一	建筑工程费用	元	246.12	83
二	安装工程费用	元	0.00	0
三	设备购置费	元	0.00	0
四	工程建设其他费	元	36.92	12
五	基本预备费	元	14.15	5

建筑安装工程单方造价

	项 目 名 称	单位	金额
一	人工费	元	18.80
二	材料费	元	161.62
三	机械费	元	0.22
四	综合费	元	45.16
五	税金	元	20.32

人工、主要材料单方用量

	项 目 名 称	单位	单价	数量	合价
一	人工	工日	117.50	0.16	18.80
二	ALC轻质墙板	m³	800.00	0.16	128.00

2.公共建筑类

（1）办公建筑类

单位：m²

序号	指标编号		2F-035（1）	
	项　目	单位	装配率30%（钢框架 – 支撑结构）	
			主体结构	
			金额	占指标基价比例（%）
	指 标 基 价	元	3 128.45	100
一	建筑工程费用	元	2 590.85	83
二	安装工程费用	元	0.00	0
三	设备购置费	元	0.00	0
四	工程建设其他费	元	388.63	12
五	基本预备费	元	148.97	5
建筑安装工程单方造价				
	项 目 名 称	单位	金额	
一	人工费	元	225.60	
二	材料费	元	1 594.99	
三	机械费	元	80.95	
四	综合费	元	475.39	
五	税金	元	213.92	
人工、主要材料单方用量				
	项 目 名 称	单位	单价	数量	合价
一	人工	工日	117.50	1.92	225.60
二	钢构件	kg	7.50	141.24	1 059.30
三	防火涂料	kg	6.00	30.28	181.68
四	钢筋	kg	4.34	30.60	132.80
五	混凝土	m³	482.20	0.25	120.55

单位：m²

序号	项 目	单位	指 标 编 号	2F-035（2）
				装配率30%（钢框架－支撑结构）
				围护墙和内隔墙
			金额	占指标基价比例（%）
	指 标 基 价	元	1 490.54	100
一	建筑工程费用	元	1 234.40	83
二	安装工程费用	元	0.00	0
三	设备购置费	元	0.00	0
四	工程建设其他费	元	185.16	12
五	基本预备费	元	70.98	5
建筑安装工程单方造价				
	项 目 名 称	单位	金额	
一	人工费	元	75.20	
二	材料费	元	813.43	
三	机械费	元	17.35	
四	综合费	元	226.50	
五	税金	元	101.92	
人工、主要材料单方用量				
	项 目 名 称	单位	单价	数量	合价
一	人工	工日	117.50	0.64	75.20
二	加气混凝土砌块	m³	478.80	0.14	67.03
三	玻璃幕墙	m²	1 020.00	0.69	703.80

单位：m²

序号	指 标 编 号		2F-036（1）	
	项　　目	单位	装配率50%（钢框架－支撑结构）	
			主体结构	
			金额	占指标基价比例（%）
	指 标 基 价	元	3 132.63	100
一	建筑工程费用	元	2 594.31	83
二	安装工程费用	元	0.00	0
三	设备购置费	元	0.00	0
四	工程建设其他费	元	389.15	12
五	基本预备费	元	149.17	5

建筑安装工程单方造价				
项 目 名 称		单位	金额	
一	人工费	元	224.43	
二	材料费	元	1 598.39	
三	机械费	元	81.26	
四	综合费	元	476.02	
五	税金	元	214.21	

人工、主要材料单方用量				
项 目 名 称	单位	单价	数量	合价
一　人工	工日	117.50	1.91	224.43
二　钢构件	kg	7.50	141.24	1 059.30
三　防火涂料	kg	6.00	30.28	181.68
四　钢筋	kg	4.34	30.60	132.80
五　混凝土	m³	482.20	0.25	120.55

单位：m²

序号	项 目	单位	指 标 编 号	2F-036（2）
			装配率50%（钢框架 – 支撑结构）	
			围护墙和内隔墙	
			金额	占指标基价比例（%）
	指 标 基 价	元	1 574.58	100
一	建筑工程费用	元	1 304.00	83
二	安装工程费用	元	0.00	0
三	设备购置费	元	0.00	0
四	工程建设其他费	元	195.60	12
五	基本预备费	元	74.98	5

建筑安装工程单方造价

	项 目 名 称	单位	金额
一	人工费	元	71.68
二	材料费	元	868.10
三	机械费	元	17.28
四	综合费	元	239.27
五	税金	元	107.67

人工、主要材料单方用量

	项 目 名 称	单位	单价	数量	合价
一	人工	工日	117.50	0.61	71.68
二	轻钢龙骨复合内墙板	m²	150.00	1.02	153.00
三	玻璃幕墙	m²	1 020.00	0.69	703.80

单位：m²

序号	指标编号		2F-037（1）	
	项 目	单位	装配率 60%（钢框架 – 支撑结构）	
			主体结构	
			金额	占指标基价比例（%）
	指 标 基 价	元	3 179.85	100
一	建筑工程费用	元	2 633.42	83
二	安装工程费用	元	0.00	0
三	设备购置费	元	0.00	0
四	工程建设其他费	元	395.01	12
五	基本预备费	元	151.42	5

建筑安装工程单方造价			
项 目 名 称	单位	金额	
一	人工费	元	222.08
二	材料费	元	1 627.65
三	机械费	元	83.05
四	综合费	元	483.20
五	税金	元	217.44

人工、主要材料单方用量				
项 目 名 称	单位	单价	数量	合价
一	人工	工日	117.50	1.89	222.08
二	钢构件	kg	7.50	141.24	1 059.30
三	防火涂料	kg	6.00	30.28	181.68
四	钢筋	kg	4.34	28.73	124.69
五	混凝土	m³	482.20	0.25	120.55
六	楼承板	m²	90.00	0.49	44.10

单位：m²

序号	项 目	单位	指 标 编 号	2F-037（2）
				装配率60%（钢框架 – 支撑结构）
				围护墙和内隔墙
			金额	占指标基价比例（%）
	指 标 基 价	元	1 574.58	100
一	建筑工程费用	元	1 304.00	83
二	安装工程费用	元	0.00	0
三	设备购置费	元	0.00	0
四	工程建设其他费	元	195.60	12
五	基本预备费	元	74.98	5

建筑安装工程单方造价			
项 目 名 称	单位	金额	
一	人工费	元	71.68
二	材料费	元	868.10
三	机械费	元	17.28
四	综合费	元	239.27
五	税金	元	107.67

人工、主要材料单方用量				
项 目 名 称	单位	单价	数量	合价
一	人工	工日	117.50	0.61	71.68
二	轻钢龙骨复合内墙板	m²	150.00	1.02	153.00
三	玻璃幕墙	m²	1 020.00	0.69	703.80

单位: m²

序号	指标编号		2F-038（1）	
	项 目	单位	装配率 75%（钢框架 – 支撑结构）	
			主体结构	
			金额	占指标基价比例（%）
	指 标 基 价	元	3 196.66	100
一	建筑工程费用	元	2 647.34	83
二	安装工程费用	元	0.00	0
三	设备购置费	元	0.00	0
四	工程建设其他费	元	397.10	12
五	基本预备费	元	152.22	5

建筑安装工程单方造价

	项 目 名 称	单位	金额
一	人工费	元	206.80
二	材料费	元	1 637.86
三	机械费	元	98.34
四	综合费	元	485.75
五	税金	元	218.59

人工、主要材料单方用量

	项 目 名 称	单位	单价	数量	合价
一	人工	工日	117.50	1.76	206.80
二	钢构件	kg	7.50	141.24	1 059.30
三	防火涂料	kg	6.00	30.28	181.68
四	钢筋	kg	4.34	18.68	81.07
五	混凝土	m³	482.20	0.25	120.55
六	楼承板	m²	90.00	0.81	72.90

单位：m²

序号	项 目	单位	指 标 编 号	2F-038（2）
			装配率75%（钢框架 – 支撑结构）	
			围护墙和内隔墙	
			金额	占指标基价比例（%）
	指 标 基 价	元	1 574.58	100
一	建筑工程费用	元	1 304.00	83
二	安装工程费用	元	0.00	0
三	设备购置费	元	0.00	0
四	工程建设其他费	元	195.60	12
五	基本预备费	元	74.98	5

建筑安装工程单方造价

	项 目 名 称	单位	金额
一	人工费	元	71.68
二	材料费	元	868.10
三	机械费	元	17.28
四	综合费	元	239.27
五	税金	元	107.67

人工、主要材料单方用量

	项 目 名 称	单位	单价	数量	合价
一	人工	工日	117.50	0.61	71.68
二	轻钢龙骨复合内墙板	m²	150.00	1.02	153.00
三	玻璃幕墙	m²	1 020.00	0.69	703.80

单位：m²

序号	指 标 编 号		2F-039（1）	
	项　目	单位	装配率 90%（钢框架 – 支撑结构）	
			主体结构	
			金额	占指标基价比例（%）
	指 标 基 价	元	3 196.66	100
一	建筑工程费用	元	2 647.34	83
二	安装工程费用	元	0.00	0
三	设备购置费	元	0.00	0
四	工程建设其他费	元	397.10	12
五	基本预备费	元	152.22	5

建筑安装工程单方造价

	项 目 名 称	单位	金额	
一	人工费	元	206.80	
二	材料费	元	1 637.86	
三	机械费	元	98.34	
四	综合费	元	485.75	
五	税金	元	218.59	

人工、主要材料单方用量

	项 目 名 称	单位	单价	数量	合价
一	人工	工日	117.50	1.76	206.80
二	钢构件	kg	7.50	141.24	1 059.30
三	防火涂料	kg	6.00	30.28	181.68
四	钢筋	kg	4.34	18.68	81.07
五	混凝土	m³	482.20	0.25	120.55
六	楼承板	m²	90.00	0.81	72.90

单位：m²

序号	指标 编 号		2F-039（2）	
	项　目	单位	装配率90%（钢框架－支撑结构）	
			围护墙和内隔墙	
			金额	占指标基价比例（%）
	指 标 基 价	元	1 574.58	100
一	建筑工程费用	元	1 304.00	83
二	安装工程费用	元	0.00	0
三	设备购置费	元	0.00	0
四	工程建设其他费	元	195.60	12
五	基本预备费	元	74.98	5
建筑安装工程单方造价				
	项 目 名 称	单位	金额	
一	人工费	元	71.68	
二	材料费	元	868.10	
三	机械费	元	17.28	
四	综合费	元	239.27	
五	税金	元	107.67	
人工、主要材料单方用量				
	项 目 名 称	单位	单价	数量	合价
一	人工	工日	117.50	0.61	71.68
二	轻钢龙骨复合内墙板	m²	150.00	1.02	153.00
三	玻璃幕墙	m²	1 020.00	0.69	703.80

单位: m²

序号	指标 编 号		2F-040（1）	
	项　目	单位	装配率90%以上（钢框架－支撑结构）	
			主体结构	
			金额	占指标基价比例（%）
	指 标 基 价	元	3 196.66	100
一	建筑工程费用	元	2 647.34	83
二	安装工程费用	元	0.00	0
三	设备购置费	元	0.00	0
四	工程建设其他费	元	397.10	12
五	基本预备费	元	152.22	5

建筑安装工程单方造价			
	项 目 名 称	单位	金额
一	人工费	元	206.80
二	材料费	元	1 637.86
三	机械费	元	98.34
四	综合费	元	485.75
五	税金	元	218.59

人工、主要材料单方用量					
	项 目 名 称	单位	单价	数量	合价
一	人工	工日	117.50	1.76	206.80
二	钢构件	kg	7.50	141.24	1 059.30
三	防火涂料	kg	6.00	30.28	181.68
四	钢筋	kg	4.34	18.68	81.07
五	混凝土	m³	482.20	0.25	120.55
六	楼承板	m²	90.00	0.81	72.90

单位：m²

序号	项 目	单位	指 标 编 号	
			2F-040（2）	
			装配率90%以上（钢框架 – 支撑结构）	
			围护墙和内隔墙	
			金额	占指标基价比例（%）
	指 标 基 价	元	1 574.58	100
一	建筑工程费用	元	1 304.00	83
二	安装工程费用	元	0.00	0
三	设备购置费	元	0.00	0
四	工程建设其他费	元	195.60	12
五	基本预备费	元	74.98	5

建筑安装工程单方造价			
项 目 名 称	单位	金额	
一	人工费	元	71.68
二	材料费	元	868.10
三	机械费	元	17.28
四	综合费	元	239.27
五	税金	元	107.67

人工、主要材料单方用量				
项 目 名 称	单位	单价	数量	合价
一	人工	工日	117.50	0.61	71.68
二	轻钢龙骨复合内墙板	m²	150.00	1.02	153.00
三	玻璃幕墙	m²	1 020.00	0.69	703.80

单位：m²

序号	指 标 编 号		2F-041（1）	
	项 目	单位	装配率 30%（钢框架－钢板剪力墙结构）	
			主体结构	
			金额	占指标基价比例（%）
	指 标 基 价	元	3 464.51	100
一	建筑工程费用	元	2 869.16	83
二	安装工程费用	元	0.00	0
三	设备购置费	元	0.00	0
四	工程建设其他费	元	430.37	12
五	基本预备费	元	164.98	5

建筑安装工程单方造价			
	项 目 名 称	单位	金额
一	人工费	元	172.73
二	材料费	元	1 847.18
三	机械费	元	85.90
四	综合费	元	526.45
五	税金	元	236.90

人工、主要材料单方用量				
	项 目 名 称	单位	单价	数量	合价
一	人工	工日	117.50	1.47	172.73
二	钢构件	kg	7.50	198.30	1 487.25
三	防火涂料	kg	6.00	20.78	124.68
四	钢筋	kg	4.34	0.85	3.69
五	混凝土	m³	482.20	0.28	135.02

单位: m²

序号	指 标 编 号		2F-041（2）	
	项 目	单位	装配率30%（钢框架－钢板剪力墙结构）	
			围护墙和内隔墙	
			金额	占指标基价比例（%）
	指 标 基 价	元	1 464.44	100
一	建筑工程费用	元	1 212.78	83
二	安装工程费用	元	0.00	0
三	设备购置费	元	0.00	0
四	工程建设其他费	元	181.92	12
五	基本预备费	元	69.74	5

建筑安装工程单方造价

	项 目 名 称	单位	金额
一	人工费	元	51.70
二	材料费	元	824.88
三	机械费	元	13.53
四	综合费	元	222.53
五	税金	元	100.14

人工、主要材料单方用量

	项 目 名 称	单位	单价	数量	合价
一	人工	工日	117.50	0.44	51.70
二	加气混凝土砌块	m³	478.80	0.10	47.88
三	玻璃幕墙	m²	1 020.00	0.71	724.20

单位：m²

序号	项 目	单位	指标编号	2F-042（1）
			装配率50%（钢框架 – 钢板剪力墙结构）	
			主体结构	
			金额	占指标基价比例（%）
	指 标 基 价	元	3 466.97	100
一	建筑工程费用	元	2 871.20	83
二	安装工程费用	元	0.00	0
三	设备购置费	元	0.00	0
四	工程建设其他费	元	430.68	12
五	基本预备费	元	165.09	5

建筑安装工程单方造价			
项 目 名 称	单位	金额	
一	人工费	元	168.03
二	材料费	元	1 852.57
三	机械费	元	86.70
四	综合费	元	526.83
五	税金	元	237.07

人工、主要材料单方用量				
项 目 名 称	单位	单价	数量	合价
一	人工	工日	117.50	1.43	168.03
二	钢构件	kg	7.50	198.30	1 487.25
三	防火涂料	kg	6.00	20.78	124.68
四	钢筋	kg	4.34	0.92	3.99
五	混凝土	m³	482.20	0.26	125.37

单位：m²

序号	项 目	单位	指 标 编 号	2F-042（2）
			装配率50%（钢框架－钢板剪力墙结构）	
			围护墙和内隔墙	
			金额	占指标基价比例（%）
	指 标 基 价	元	1 487.33	100
一	建筑工程费用	元	1 231.74	83
二	安装工程费用	元	0.00	0
三	设备购置费	元	0.00	0
四	工程建设其他费	元	184.76	12
五	基本预备费	元	70.83	5

建筑安装工程单方造价			
	项 目 名 称	单位	金额
一	人工费	元	51.70
二	材料费	元	838.81
三	机械费	元	13.52
四	综合费	元	226.01
五	税金	元	101.70

人工、主要材料单方用量				
	项 目 名 称	单位	单价	数量	合价
一	人工	工日	117.50	0.44	51.70
二	ALC轻质墙板	m³	800.00	0.08	64.00
三	玻璃幕墙	m²	1 020.00	0.71	724.20

单位：m²

序号	指标编号		2F-043（1）	
	项　目	单位	装配率60%（钢框架－钢板剪力墙结构）	
			主体结构	
			金额	占指标基价比例（%）
	指标基价	元	3 556.56	100
一	建筑工程费用	元	2 945.39	83
二	安装工程费用	元	0.00	0
三	设备购置费	元	0.00	0
四	工程建设其他费	元	441.81	12
五	基本预备费	元	169.36	5
建筑安装工程单方造价				
	项目名称	单位	金额	
一	人工费	元	157.45	
二	材料费	元	1 916.07	
三	机械费	元	88.23	
四	综合费	元	540.44	
五	税金	元	243.20	
人工、主要材料单方用量				
	项目名称	单位	单价	数量	合价
一	人工	工日	117.50	1.34	157.45
二	钢构件	kg	7.50	198.30	1 487.25
三	防火涂料	kg	6.00	20.78	124.68
四	钢筋	kg	4.34	11.07	48.04
五	混凝土	m³	482.20	0.26	125.37
六	楼承板	m²	90.00	0.63	56.70

单位：m²

序号	指 标 编 号		2F-043（2）	
	项 目	单位	装配率 60%（钢框架 – 钢板剪力墙结构）	
			围护墙和内隔墙	
			金额	占指标基价比例（%）
	指 标 基 价	元	1 487.33	100
一	建筑工程费用	元	1 231.74	83
二	安装工程费用	元	0.00	0
三	设备购置费	元	0.00	0
四	工程建设其他费	元	184.76	12
五	基本预备费	元	70.83	5

建筑安装工程单方造价			
项 目 名 称	单位	金额	
一	人工费	元	51.70
二	材料费	元	838.81
三	机械费	元	13.52
四	综合费	元	226.01
五	税金	元	101.70

人工、主要材料单方用量				
项 目 名 称	单位	单价	数量	合价
一	人工	工日	117.50	0.44	51.70
二	ALC 轻质墙板	m³	800.00	0.08	64.00
三	玻璃幕墙	m²	1 020.00	0.71	724.20

单位:m²

序号	指标编号		2F-044（1）	
	项 目	单位	装配率75%（钢框架－钢板剪力墙结构）	
			主体结构	
			金额	占指标基价比例（%）
	指 标 基 价	元	3 595.00	100
一	建筑工程费用	元	2 977.23	83
二	安装工程费用	元	0.00	0
三	设备购置费	元	0.00	0
四	工程建设其他费	元	446.58	12
五	基本预备费	元	171.19	5
建筑安装工程单方造价				
	项 目 名 称	单位	金额	
一	人工费	元	149.23	
二	材料费	元	1 929.00	
三	机械费	元	106.89	
四	综合费	元	546.28	
五	税金	元	245.83	
人工、主要材料单方用量				
	项 目 名 称	单位	单价	数量	合价
一	人工	工日	117.50	1.27	149.23
二	钢构件	kg	7.50	198.30	1 487.25
三	防火涂料	kg	6.00	20.78	124.68
四	钢筋	kg	4.34	11.07	48.04
五	混凝土	m³	482.20	0.26	125.37
六	楼承板	m²	90.00	0.90	81.00

单位：m²

序号	指 标 编 号			2F-044（2）	
	项 目	单位		装配率75%（钢框架 – 钢板剪力墙结构）	
				围护墙和内隔墙	
				金额	占指标基价比例（%）
	指 标 基 价	元		1 487.33	100
一	建筑工程费用	元		1 231.74	83
二	安装工程费用	元		0.00	0
三	设备购置费	元		0.00	0
四	工程建设其他费	元		184.76	12
五	基本预备费	元		70.83	5
建筑安装工程单方造价					
	项 目 名 称	单位		金额	
一	人工费	元		51.70	
二	材料费	元		838.81	
三	机械费	元		13.52	
四	综合费	元		226.01	
五	税金	元		101.70	
人工、主要材料单方用量					
	项 目 名 称	单位	单价	数量	合价
一	人工	工日	117.50	0.44	51.70
二	ALC轻质墙板	m³	800.00	0.08	64.00
三	玻璃幕墙	m²	1 020.00	0.71	724.20

单位:m²

序号	指 标 编 号		2F-045(1)	
	项 目	单位	装配率 90%(钢框架 - 钢板剪力墙结构)	
			主体结构	
			金额	占指标基价比例(%)
	指 标 基 价	元	3 594.38	100
一	建筑工程费用	元	2 976.71	83
二	安装工程费用	元	0.00	0
三	设备购置费	元	0.00	0
四	工程建设其他费	元	446.51	12
五	基本预备费	元	171.16	5

建筑安装工程单方造价

	项 目 名 称	单位	金额	
一	人工费	元	166.85	
二	材料费	元	1 929.00	
三	机械费	元	88.89	
四	综合费	元	546.19	
五	税金	元	245.78	

人工、主要材料单方用量

	项 目 名 称	单位	单价	数量	合价
一	人工	工日	117.50	1.42	166.85
二	钢构件	kg	7.50	198.30	1 487.25
三	防火涂料	kg	6.00	20.78	124.68
四	钢筋	kg	4.34	11.07	48.04
五	混凝土	m³	482.20	0.26	125.37
六	楼承板	m²	90.00	0.90	81.00

单位：m²

序号	项 目	单位	指 标 编 号	2F-045（2）
			装配率90%（钢框架－钢板剪力墙结构）	
			围护墙和内隔墙	
			金额	占指标基价比例（%）
	指 标 基 价	元	1 487.33	100
一	建筑工程费用	元	1 231.74	83
二	安装工程费用	元	0.00	0
三	设备购置费	元	0.00	0
四	工程建设其他费	元	184.76	12
五	基本预备费	元	70.83	5

建筑安装工程单方造价

	项 目 名 称	单位	金额
一	人工费	元	51.70
二	材料费	元	838.81
三	机械费	元	13.52
四	综合费	元	226.01
五	税金	元	101.70

人工、主要材料单方用量

	项 目 名 称	单位	单价	数量	合价
一	人工	工日	117.50	0.44	51.70
二	ALC轻质墙板	m³	800.00	0.08	64.00
三	玻璃幕墙	m²	1 020.00	0.71	724.20

单位: m²

序号	指 标 编 号		2F-046（1）	
	项　　目	单位	装配率90%以上（钢框架－钢板剪力墙结构）	
			主体结构	
			金额	占指标基价比例（%）
	指 标 基 价	元	3 594.38	100
一	建筑工程费用	元	2 976.71	83
二	安装工程费用	元	0.00	0
三	设备购置费	元	0.00	0
四	工程建设其他费	元	446.51	12
五	基本预备费	元	171.16	5
建筑安装工程单方造价				
	项 目 名 称	单位	金额	
一	人工费	元	166.85	
二	材料费	元	1 929.00	
三	机械费	元	88.89	
四	综合费	元	546.19	
五	税金	元	245.78	
人工、主要材料单方用量				
	项 目 名 称	单位	单价	数量	合价
一	人工	工日	117.50	1.42	166.85
二	钢构件	kg	7.50	198.30	1 487.25
三	防火涂料	kg	6.00	20.78	124.68
四	钢筋	kg	4.34	11.07	48.04
五	混凝土	m³	482.20	0.26	125.37
六	楼承板	m²	90.00	0.90	81.00

单位：m²

序号	项 目	单位	指 标 编 号	2F-046（2）
			装配率90%以上 （钢框架 – 钢板剪力墙结构）	
			围护墙和内隔墙	
			金额	占指标基价比例（%）
	指 标 基 价	元	1 487.33	100
一	建筑工程费用	元	1 231.74	83
二	安装工程费用	元	0.00	0
三	设备购置费	元	0.00	0
四	工程建设其他费	元	184.76	12
五	基本预备费	元	70.83	5

建筑安装工程单方造价

序号	项 目 名 称	单位	金额
一	人工费	元	51.70
二	材料费	元	838.81
三	机械费	元	13.52
四	综合费	元	226.01
五	税金	元	101.70

人工、主要材料单方用量

序号	项 目 名 称	单位	单价	数量	合价
一	人工	工日	117.50	0.44	51.70
二	ALC 轻质墙板	m³	800.00	0.08	64.00
三	玻璃幕墙	m²	1 020.00	0.71	724.20

（2）商业建筑类

单位：m²

序号	指 标 编 号			2F-047（1）	
	项　　目	单位	装配率30%（钢框架 – 支撑结构）		
			主体结构		
			金额	占指标基价比例（%）	
	指 标 基 价	元	2 335.36	100	
一	建筑工程费用	元	1 934.04	83	
二	安装工程费用	元	0.00	0	
三	设备购置费	元	0.00	0	
四	工程建设其他费	元	290.11	12	
五	基本预备费	元	111.21	5	
建筑安装工程单方造价					
	项 目 名 称	单位	金额		
一	人工费	元	190.35		
二	材料费	元	1 155.45		
三	机械费	元	73.68		
四	综合费	元	354.87		
五	税金	元	159.69		
人工、主要材料单方用量					
	项 目 名 称	单位	单价	数量	合价
一	人工	工日	117.50	1.62	190.35
二	钢构件	kg	7.50	110.16	826.20
三	防火涂料	kg	6.00	21.61	129.66
四	钢筋	kg	4.34	16.21	70.35
五	混凝土	m³	482.20	0.12	57.86

单位：m²

序号	指 标 编 号		2F-047（2）	
	项　目	单位	装配率30%（钢框架－支撑结构）	
			围护墙和内隔墙	
			金额	占指标基价比例（%）
	指　标　基　价	元	1 477.62	100
一	建筑工程费用	元	1 223.70	83
二	安装工程费用	元	0.00	0
三	设备购置费	元	0.00	0
四	工程建设其他费	元	183.56	12
五	基本预备费	元	70.36	5
建筑安装工程单方造价				
	项 目 名 称	单位	金额	
一	人工费	元	63.45	
二	材料费	元	819.17	
三	机械费	元	15.51	
四	综合费	元	224.53	
五	税金	元	101.04	
人工、主要材料单方用量				
	项 目 名 称	单位	单价	数量	合价
一	人工	工日	117.50	0.54	63.45
二	加气混凝土砌块	m³	478.80	0.03	14.36
三	玻璃幕墙	m²	1 020.00	0.71	724.20

单位：m²

序号	项　目	单位	2F-048（1）	
			指 标 编 号	
			装配率 50%（钢框架 – 支撑结构）	
			主体结构	
			金额	占指标基价比例（％）
	指 标 基 价	元	2 339.64	100
一	建筑工程费用	元	1 937.59	83
二	安装工程费用	元	0.00	0
三	设备购置费	元	0.00	0
四	工程建设其他费	元	290.64	12
五	基本预备费	元	111.41	5

建筑安装工程单方造价

序号	项 目 名 称	单位	金额
一	人工费	元	185.65
二	材料费	元	1 161.93
三	机械费	元	74.51
四	综合费	元	355.52
五	税金	元	159.98

人工、主要材料单方用量

序号	项 目 名 称	单位	单价	数量	合价
一	人工	工日	117.50	1.58	185.65
二	钢构件	kg	7.50	110.16	826.20
三	防火涂料	kg	6.00	21.61	129.66
四	钢筋	kg	4.34	8.07	35.02
五	混凝土	m³	482.20	0.12	57.86

单位：m²

序号	指 标 编 号		2F-048（2）	
	项　目	单位	装配率 50%（钢框架 – 支撑结构）	
			围护墙和内隔墙	
			金额	占指标基价比例（%）
	指 标 基 价	元	1 506.17	100
一	建筑工程费用	元	1 247.35	83
二	安装工程费用	元	0.00	0
三	设备购置费	元	0.00	0
四	工程建设其他费	元	187.10	12
五	基本预备费	元	71.72	5

建筑安装工程单方造价

序号	项 目 名 称	单位	金额
一	人工费	元	63.45
二	材料费	元	836.54
三	机械费	元	15.50
四	综合费	元	228.87
五	税金	元	102.99

人工、主要材料单方用量

序号	项 目 名 称	单位	单价	数量	合价
一	人工	工日	117.50	0.54	63.45
二	轻钢龙骨复合内墙板	m²	150.00	0.25	37.50
三	玻璃幕墙	m²	1 020.00	0.71	724.20

单位:m²

序号	指 标 编 号		2F-049(1)	
	项 目	单位	装配率60%(钢框架-支撑结构)	
			主体结构	
			金额	占指标基价比例(%)
	指 标 基 价	元	2 448.25	100
一	建筑工程费用	元	2 027.54	83
二	安装工程费用	元	0.00	0
三	设备购置费	元	0.00	0
四	工程建设其他费	元	304.13	12
五	基本预备费	元	116.58	5
建筑安装工程单方造价				
	项 目 名 称	单位	金额	
一	人工费	元	183.30	
二	材料费	元	1 227.84	
三	机械费	元	76.96	
四	综合费	元	372.03	
五	税金	元	167.41	
人工、主要材料单方用量				
	项 目 名 称	单位	单价	数量	合价
一	人工	工日	117.50	1.56	183.30
二	钢构件	kg	7.50	110.16	826.20
三	防火涂料	kg	6.00	21.61	129.66
四	钢筋	kg	4.34	8.28	35.94
五	混凝土	m³	482.20	0.10	48.22
六	楼承板	m²	90.00	0.51	45.90

单位:m²

序号	指标编号		2F-049(2)	
	项 目	单位	装配率60%(钢框架 – 支撑结构)	
			围护墙和内隔墙	
			金额	占指标基价比例(%)
	指 标 基 价	元	1 506.17	100
一	建筑工程费用	元	1 247.35	83
二	安装工程费用	元	0.00	0
三	设备购置费	元	0.00	0
四	工程建设其他费	元	187.10	12
五	基本预备费	元	71.72	5
建筑安装工程单方造价				
	项 目 名 称	单位	金额	
一	人工费	元	63.45	
二	材料费	元	836.54	
三	机械费	元	15.50	
四	综合费	元	228.87	
五	税金	元	102.99	
人工、主要材料单方用量				
	项 目 名 称	单位	单价	数量	合价
一	人工	工日	117.50	0.54	63.45
二	轻钢龙骨复合内墙板	m²	150.00	0.90	135.00
三	玻璃幕墙	m²	1 020.00	0.71	724.20

单位：m²

序号	指标编号		2F-050（1）	
	项目	单位	装配率75%（钢框架－支撑结构）	
			主体结构	
			金额	占指标基价比例（%）
	指标基价	元	2 503.01	100
一	建筑工程费用	元	2 072.89	83
二	安装工程费用	元	0.00	0
三	设备购置费	元	0.00	0
四	工程建设其他费	元	310.93	12
五	基本预备费	元	119.19	5
建筑安装工程单方造价				
	项目名称	单位	金额	
一	人工费	元	179.78	
二	材料费	元	1 263.66	
三	机械费	元	77.94	
四	综合费	元	380.35	
五	税金	元	171.16	
人工、主要材料单方用量				
	项目名称	单位	单价	数量	合价
一	人工	工日	117.50	1.53	179.78
二	钢构件	kg	7.50	110.16	826.20
三	防火涂料	kg	6.00	21.61	129.66
四	钢筋	kg	4.34	8.29	35.98
五	混凝土	m³	482.20	0.10	48.22
六	楼承板	m²	90.00	0.94	84.60

单位：m²

序号	指 标 编 号		2F-050（2）	
	项　目	单位	装配率75%（钢框架－支撑结构）	
			围护墙和内隔墙	
			金额	占指标基价比例（%）
	指 标 基 价	元	1 506.17	100
一	建筑工程费用	元	1 247.35	83
二	安装工程费用	元	0.00	0
三	设备购置费	元	0.00	0
四	工程建设其他费	元	187.10	12
五	基本预备费	元	71.72	5
建筑安装工程单方造价				
	项 目 名 称	单位	金额	
一	人工费	元	63.45	
二	材料费	元	836.54	
三	机械费	元	15.50	
四	综合费	元	228.87	
五	税金	元	102.99	
人工、主要材料单方用量				
	项 目 名 称	单位	单价	数量	合价
一	人工	工日	117.50	0.54	63.45
二	轻钢龙骨复合内墙板	m²	150.00	0.25	37.50
三	玻璃幕墙	m²	1 020.00	0.71	724.20

单位:m²

序号	指 标 编 号		2F-051（1）	
	项 目	单位	装配率90%（钢框架–支撑结构）	
			主体结构	
			金额	占指标基价比例（%）
	指 标 基 价	元	2 503.01	100
一	建筑工程费用	元	2 072.89	83
二	安装工程费用	元	0.00	0
三	设备购置费	元	0.00	0
四	工程建设其他费	元	310.93	12
五	基本预备费	元	119.19	5

建筑安装工程单方造价

	项 目 名 称	单位	金额	
一	人工费	元	179.78	
二	材料费	元	1 263.66	
三	机械费	元	77.94	
四	综合费	元	380.35	
五	税金	元	171.16	

人工、主要材料单方用量

	项 目 名 称	单位	单价	数量	合价
一	人工	工日	117.50	1.53	179.78
二	钢构件	kg	7.50	110.16	826.20
三	防火涂料	kg	6.00	21.61	129.66
四	钢筋	kg	4.34	8.29	35.98
五	混凝土	m³	482.20	0.10	48.22
六	楼承板	m²	90.00	0.94	84.60

单位：m²

序号	项 目	单位	指 标 编 号	2F-051（2）
				装配率90%（钢框架 – 支撑结构）
				围护墙和内隔墙
			金额	占指标基价比例（%）
	指 标 基 价	元	1 506.17	100
一	建筑工程费用	元	1 247.35	83
二	安装工程费用	元	0.00	0
三	设备购置费	元	0.00	0
四	工程建设其他费	元	187.10	12
五	基本预备费	元	71.72	5

建筑安装工程单方造价			
项 目 名 称	单位	金额	
一 人工费	元	63.45	
二 材料费	元	836.54	
三 机械费	元	15.50	
四 综合费	元	228.87	
五 税金	元	102.99	

人工、主要材料单方用量				
项 目 名 称	单位	单价	数量	合价
一 人工	工日	117.50	0.54	63.45
二 轻钢龙骨复合内墙板	m²	150.00	0.25	37.50
三 玻璃幕墙	m²	1 020.00	0.71	724.20

单位：m^2

序号	指 标 编 号		2F-052（1）	
	项 目	单位	装配率 90% 以上（钢框架 – 支撑结构）	
			主体结构	
			金额	占指标基价比例（%）
	指 标 基 价	元	2 503.01	100
一	建筑工程费用	元	2 072.89	83
二	安装工程费用	元	0.00	0
三	设备购置费	元	0.00	0
四	工程建设其他费	元	310.93	12
五	基本预备费	元	119.19	5
建筑安装工程单方造价				
	项 目 名 称	单位	金额	
一	人工费	元	179.78	
二	材料费	元	1 263.66	
三	机械费	元	77.94	
四	综合费	元	380.35	
五	税金	元	171.16	
人工、主要材料单方用量				
	项 目 名 称	单位	单价	数量	合价
一	人工	工日	117.50	1.53	179.78
二	钢构件	kg	7.50	110.16	826.20
三	防火涂料	kg	6.00	21.61	129.66
四	钢筋	kg	4.34	8.29	35.98
五	混凝土	m^3	482.20	0.10	48.22
六	楼承板	m^2	90.00	0.94	84.60

单位：m²

序号	指 标 编 号	单位	2F-052（2）	
			装配率90%以上（钢框架－支撑结构）	
	项 目	单位	围护墙和内隔墙	
			金额	占指标基价比例（%）
	指 标 基 价	元	1 506.17	100
一	建筑工程费用	元	1 247.35	83
二	安装工程费用	元	0.00	0
三	设备购置费	元	0.00	0
四	工程建设其他费	元	187.10	12
五	基本预备费	元	71.72	5
建筑安装工程单方造价				
	项 目 名 称	单位	金额	
一	人工费	元	63.45	
二	材料费	元	836.54	
三	机械费	元	15.50	
四	综合费	元	228.87	
五	税金	元	102.99	

人工、主要材料单方用量

	项 目 名 称	单位	单价	数量	合价
一	人工	工日	117.50	0.54	63.45
二	轻钢龙骨复合内墙板	m²	150.00	0.25	37.50
三	玻璃幕墙	m²	1 020.00	0.71	724.20

（3）旅游建筑类

单位：m²

序号	项　　目	单位	指标编号	2F-053（1）
			装配率30%（钢框架结构）	
			主体结构	
			金额	占指标基价比例（％）
	指标基价	元	7 866.48	100
一	建筑工程费用	元	6 514.69	83
二	安装工程费用	元	0.00	0
三	设备购置费	元	0.00	0
四	工程建设其他费	元	977.20	12
五	基本预备费	元	374.59	5

建筑安装工程单方造价

序号	项 目 名 称	单位	金额
一	人工费	元	399.50
二	材料费	元	4 198.15
三	机械费	元	183.77
四	综合费	元	1 195.36
五	税金	元	537.91

人工、主要材料单方用量

序号	项 目 名 称	单位	单价	数量	合价
一	人工	工日	117.50	3.40	399.50
二	钢构件	kg	7.50	464.71	3 485.33
三	防火涂料	kg	6.00	70.46	422.76
四	钢筋	kg	4.34	20.97	91.01
五	混凝土	m³	482.20	0.13	62.69

单位：m²

序号	指 标 编 号		2F-053（2）	
	项　　目	单位	装配率 30%（钢框架结构）	
			围护墙和内隔墙	
			金额	占指标基价比例（%）
	指 标 基 价	元	173.82	100
一	建筑工程费用	元	143.95	83
二	安装工程费用	元	0.00	0
三	设备购置费	元	0.00	0
四	工程建设其他费	元	21.59	12
五	基本预备费	元	8.28	5
建筑安装工程单方造价				
	项 目 名 称	单位	金额	
一	人工费	元	17.63	
二	材料费	元	87.76	
三	机械费	元	0.26	
四	综合费	元	26.41	
五	税金	元	11.89	
人工、主要材料单方用量				
	项 目 名 称	单位	单价	数量	合价
一	人工	工日	117.50	0.15	17.63
二	加气混凝土砌块	m³	478.80	0.14	67.03

单位：m²

序号	指 标 编 号		2F-054（1）	
	项　　目	单位	装配率50%（钢框架结构）	
			主体结构	
			金额	占指标基价比例（%）
	指 标 基 价	元	7 872.42	100
一	建筑工程费用	元	6 519.60	83
二	安装工程费用	元	0.00	0
三	设备购置费	元	0.00	0
四	工程建设其他费	元	977.94	12
五	基本预备费	元	374.88	5
建筑安装工程单方造价				
	项 目 名 称	单位	金额	
一	人工费	元	387.75	
二	材料费	元	4 212.20	
三	机械费	元	185.07	
四	综合费	元	1 196.26	
五	税金	元	538.32	
人工、主要材料单方用量				
	项 目 名 称	单位	单价	数量	合价
一	人工	工日	117.50	3.30	387.75
二	钢构件	kg	7.50	464.71	3 485.33
三	防火涂料	kg	6.00	70.46	422.76
四	钢筋	kg	4.34	21.71	94.22
五	混凝土	m³	482.20	0.12	57.86

单位：m²

序号	指 标 编 号		2F-054（2）	
	项　　目	单位	装配率50%（钢框架结构）	
			围护墙和内隔墙	
			金额	占指标基价比例（%）
	指 标 基 价	元	262.46	100
一	建筑工程费用	元	217.36	83
二	安装工程费用	元	0.00	0
三	设备购置费	元	0.00	0
四	工程建设其他费	元	32.60	12
五	基本预备费	元	12.50	5
建筑安装工程单方造价				
	项 目 名 称	单位	金额	
一	人工费	元	16.45	
二	材料费	元	142.89	
三	机械费	元	0.19	
四	综合费	元	39.88	
五	税金	元	17.95	
人工、主要材料单方用量				
	项 目 名 称	单位	单价	数量	合价
一	人工	工日	117.50	0.14	16.45
二	轻钢龙骨复合内墙板	m²	150.00	0.85	127.50

单位：m²

序号	指 标 编 号		2F-055（1）	
	项 目	单位	装配率 60%（钢框架结构）	
			主体结构	
			金额	占指标基价比例（%）
	指 标 基 价	元	7 894.73	100
一	建筑工程费用	元	6 538.08	83
二	安装工程费用	元	0.00	0
三	设备购置费	元	0.00	0
四	工程建设其他费	元	980.71	12
五	基本预备费	元	375.94	5
建筑安装工程单方造价				
	项 目 名 称	单位	金额	
一	人工费	元	381.88	
二	材料费	元	4 231.66	
三	机械费	元	185.05	
四	综合费	元	1 199.65	
五	税金	元	539.84	

人工、主要材料单方用量

	项 目 名 称	单位	单价	数量	合价
一	人工	工日	117.50	3.25	381.88
二	钢构件	kg	7.50	464.71	3 485.33
三	防火涂料	kg	6.00	70.46	422.76
四	钢筋	kg	4.34	21.72	94.26
五	混凝土	m³	482.20	0.12	57.86
六	楼承板	m²	90.00	0.52	46.80

单位：m²

指 标 编 号			2F-055（2）	
序号	项　　目	单位	装配率60%（钢框架结构）	
			围护墙和内隔墙	
			金额	占指标基价比例（％）
	指 标 基 价	元	262.46	100
一	建筑工程费用	元	217.36	83
二	安装工程费用	元	0.00	0
三	设备购置费	元	0.00	0
四	工程建设其他费	元	32.60	12
五	基本预备费	元	12.50	5

建筑安装工程单方造价		
项 目 名 称	单位	金额
一　人工费	元	16.45
二　材料费	元	142.89
三　机械费	元	0.19
四　综合费	元	39.88
五　税金	元	17.95

人工、主要材料单方用量				
项 目 名 称	单位	单价	数量	合价
一　人工	工日	117.50	0.14	16.45
二　轻钢龙骨复合内墙板	m²	150.00	0.85	127.50

单位：m²

序号	项 目	单位	指 标 编 号	2F-056（1）
				装配率75%（钢框架结构）
				主体结构
			金额	占指标基价比例（%）
	指 标 基 价	元	7 934.70	100
一	建筑工程费用	元	6 571.18	83
二	安装工程费用	元	0.00	0
三	设备购置费	元	0.00	0
四	工程建设其他费	元	985.68	12
五	基本预备费	元	377.84	5

建筑安装工程单方造价

	项 目 名 称	单位	金额
一	人工费	元	376.00
二	材料费	元	4 261.18
三	机械费	元	185.71
四	综合费	元	1 205.72
五	税金	元	542.57

人工、主要材料单方用量

	项 目 名 称	单位	单价	数量	合价
一	人工	工日	117.50	3.20	376.00
二	钢构件	kg	7.50	464.71	3 485.33
三	防火涂料	kg	6.00	70.46	422.76
四	钢筋	kg	4.34	21.73	94.31
五	混凝土	m³	482.20	0.12	57.86
六	楼承板	m²	90.00	0.78	70.20

单位：m²

序号	指 标 编 号		2F-056（2）	
	项　　目	单位	装配率75%（钢框架结构）	
			围护墙和内隔墙	
			金额	占指标基价比例（％）
	指 标 基 价	元	262.46	100
一	建筑工程费用	元	217.36	83
二	安装工程费用	元	0.00	0
三	设备购置费	元	0.00	0
四	工程建设其他费	元	32.60	12
五	基本预备费	元	12.50	5
建筑安装工程单方造价				
	项 目 名 称	单位	金额	
一	人工费	元	16.45	
二	材料费	元	142.89	
三	机械费	元	0.19	
四	综合费	元	39.88	
五	税金	元	17.95	
人工、主要材料单方用量				
	项 目 名 称	单位	单价	数量	合价
一	人工	工日	117.50	0.14	16.45
二	轻钢龙骨复合内墙板	m²	150.00	0.85	127.50

单位: m²

序号	指 标 编 号		2F-057（1）	
	项　　目	单位	装配率90%（钢框架结构）	
			主体结构	
			金额	占指标基价比例（%）
	指 标 基 价	元	7 934.70	100
一	建筑工程费用	元	6 571.18	83
二	安装工程费用	元	0.00	0
三	设备购置费	元	0.00	0
四	工程建设其他费	元	985.68	12
五	基本预备费	元	377.84	5
建筑安装工程单方造价				
	项 目 名 称	单位	金额	
一	人工费	元	376.00	
二	材料费	元	4 261.18	
三	机械费	元	185.71	
四	综合费	元	1 205.72	
五	税金	元	542.57	
人工、主要材料单方用量				
	项 目 名 称	单位	单价	数量	合价
一	人工	工日	117.50	3.20	376.00
二	钢构件	kg	7.50	464.71	3 485.33
三	防火涂料	kg	6.00	70.46	422.76
四	钢筋	kg	4.34	21.73	94.31
五	混凝土	m³	482.20	0.12	57.86
六	楼承板	m²	90.00	0.78	70.20

单位：m²

指标编号			2F-057（2）	
序号	项 目	单位	装配率90%（钢框架结构）	
			围护墙和内隔墙	
			金额	占指标基价比例（%）
	指 标 基 价	元	262.46	100
一	建筑工程费用	元	217.36	83
二	安装工程费用	元	0.00	0
三	设备购置费	元	0.00	0
四	工程建设其他费	元	32.60	12
五	基本预备费	元	12.50	5

建筑安装工程单方造价

序号	项 目 名 称	单位	金额
一	人工费	元	16.45
二	材料费	元	142.89
三	机械费	元	0.19
四	综合费	元	39.88
五	税金	元	17.95

人工、主要材料单方用量

序号	项 目 名 称	单位	单价	数量	合价
一	人工	工日	117.50	0.14	16.45
二	轻钢龙骨复合内墙板	m²	150.00	0.85	127.50

单位：m²

指 标 编 号			2F-058（1）	
序号	项 目	单位	装配率90%以上（钢框架结构）	
			主体结构	
			金额	占指标基价比例（%）
	指 标 基 价	元	7 934.70	100
一	建筑工程费用	元	6 571.18	83
二	安装工程费用	元	0.00	0
三	设备购置费	元	0.00	0
四	工程建设其他费	元	985.68	12
五	基本预备费	元	377.84	5

建筑安装工程单方造价

	项 目 名 称	单位	金额
一	人工费	元	376.00
二	材料费	元	4 261.18
三	机械费	元	185.71
四	综合费	元	1 205.72
五	税金	元	542.57

人工、主要材料单方用量

	项 目 名 称	单位	单价	数量	合价
一	人工	工日	117.50	3.20	376.00
二	钢构件	kg	7.50	464.71	3 485.33
三	防火涂料	kg	6.00	70.46	422.76
四	钢筋	kg	4.34	21.73	94.31
五	混凝土	m³	482.20	0.12	57.86
六	楼承板	m²	90.00	0.78	70.20

单位：m²

序号	指 标 编 号		2F-058（2）	
	项　目	单位	装配率90%以上（钢框架结构）	
			围护墙和内隔墙	
			金额	占指标基价比例（%）
	指 标 基 价	元	262.46	100
一	建筑工程费用	元	217.36	83
二	安装工程费用	元	0.00	0
三	设备购置费	元	0.00	0
四	工程建设其他费	元	32.60	12
五	基本预备费	元	12.50	5
建筑安装工程单方造价				
	项 目 名 称	单位	金额	
一	人工费	元	16.45	
二	材料费	元	142.89	
三	机械费	元	0.19	
四	综合费	元	39.88	
五	税金	元	17.95	
人工、主要材料单方用量				
	项 目 名 称	单位	单价	数量	合价
一	人工	工日	117.50	0.14	16.45
二	轻钢龙骨复合内墙板	m²	150.00	0.85	127.50

（4）科教文卫建筑类

单位：m²

序号	项 目	单位	指 标 编 号	2F-059（1）
			装配率30%（钢框架结构）	
			主体结构	
			金额	占指标基价比例（%）
	指 标 基 价	元	2 272.02	100
一	建筑工程费用	元	1 881.59	83
二	安装工程费用	元	0.00	0
三	设备购置费	元	0.00	0
四	工程建设其他费	元	282.24	12
五	基本预备费	元	108.19	5

建筑安装工程单方造价

	项 目 名 称	单位	金额
一	人工费	元	160.98
二	材料费	元	1 160.24
三	机械费	元	59.76
四	综合费	元	345.25
五	税金	元	155.36

人工、主要材料单方用量

	项 目 名 称	单位	单价	数量	合价
一	人工	工日	117.50	1.37	160.98
二	钢构件	kg	7.50	96.89	726.68
三	防火涂料	kg	6.00	13.77	82.62
四	钢筋	kg	4.34	21.06	91.40
五	混凝土	m³	482.20	0.20	96.44

单位: m²

序号	指 标 编 号		2F-059（2）	
	项 目	单位	装配率30%（钢框架结构）	
			围护墙和内隔墙	
			金额	占指标基价比例（%）
	指 标 基 价	元	267.73	100
一	建筑工程费用	元	221.72	83
二	安装工程费用	元	0.00	0
三	设备购置费	元	0.00	0
四	工程建设其他费	元	33.26	12
五	基本预备费	元	12.75	5
建筑安装工程单方造价				
	项 目 名 称	单位	金额	
一	人工费	元	25.85	
二	材料费	元	136.51	
三	机械费	元	0.37	
四	综合费	元	40.68	
五	税金	元	18.31	
人工、主要材料单方用量				
	项 目 名 称	单位	单价	数量	合价
一	人工	工日	117.50	0.22	25.85
二	加气混凝土砌块	m³	478.80	0.16	76.61

单位：m²

序号	指 标 编 号		2F-060（1）	
	项 目	单位	装配率50%（钢框架结构）	
			主体结构	
			金额	占指标基价比例（％）
	指 标 基 价	元	2 340.44	100
一	建筑工程费用	元	1 938.25	83
二	安装工程费用	元	0.00	0
三	设备购置费	元	0.00	0
四	工程建设其他费	元	290.74	12
五	基本预备费	元	111.45	5
建筑安装工程单方造价				
	项 目 名 称	单位	金额	
一	人工费	元	158.63	
二	材料费	元	1 189.43	
三	机械费	元	74.51	
四	综合费	元	355.64	
五	税金	元	160.04	
人工、主要材料单方用量				
	项 目 名 称	单位	单价	数量	合价
一	人工	工日	117.50	1.35	158.63
二	钢构件	kg	7.50	96.89	726.68
三	防火涂料	kg	6.00	13.77	82.62
四	钢筋	kg	4.34	21.06	91.40
五	混凝土	m³	482.20	0.19	91.62

单位：m²

序号	项 目	单位	装配率50%（钢框架结构）	
			围护墙和内隔墙	
			金额	占指标基价比例（%）
	指 标 基 价	元	409.02	100
一	建筑工程费用	元	338.73	83
二	安装工程费用	元	0.00	0
三	设备购置费	元	0.00	0
四	工程建设其他费	元	50.81	12
五	基本预备费	元	19.48	5

指标编号 2F-060（2）

建筑安装工程单方造价

项 目 名 称	单位	金额
一 人工费	元	22.33
二 材料费	元	225.99
三 机械费	元	0.29
四 综合费	元	62.15
五 税金	元	27.97

人工、主要材料单方用量

项 目 名 称	单位	单价	数量	合价
一 人工	工日	117.50	0.19	22.33
二 ALC轻质墙板	m³	800.00	0.17	136.00

单位：m²

序号	指 标 编 号		2F-061（1）	
	项　　目	单位	装配率60%（钢框架结构）	
			主体结构	
			金额	占指标基价比例（%）
	指 标 基 价	元	2 447.03	100
一	建筑工程费用	元	2 026.52	83
二	安装工程费用	元	0.00	0
三	设备购置费	元	0.00	0
四	工程建设其他费	元	303.98	12
五	基本预备费	元	116.53	5
建筑安装工程单方造价				
	项 目 名 称	单位	金额	
一	人工费	元	152.75	
二	材料费	元	1 257.64	
三	机械费	元	76.96	
四	综合费	元	371.84	
五	税金	元	167.33	
人工、主要材料单方用量				
	项 目 名 称	单位	单价	数量	合价
一	人工	工日	117.50	1.30	152.75
二	钢构件	kg	7.50	96.89	726.68
三	防火涂料	kg	6.00	13.77	82.62
四	钢筋	kg	4.34	15.64	67.88
五	混凝土	m³	482.20	0.19	91.62
六	楼承板	m²	90.00	0.55	49.50

单位：m²

指标编号			2F-061（2）	
序号	项　目	单位	装配率60%（钢框架结构）	
			围护墙和内隔墙	
			金额	占指标基价比例（%）
	指　标　基　价	元	409.02	100
一	建筑工程费用	元	338.73	83
二	安装工程费用	元	0.00	0
三	设备购置费	元	0.00	0
四	工程建设其他费	元	50.81	12
五	基本预备费	元	19.48	5
建筑安装工程单方造价				
	项　目　名　称	单位	金额	
一	人工费	元	22.33	
二	材料费	元	225.99	
三	机械费	元	0.29	
四	综合费	元	62.15	
五	税金	元	27.97	
人工、主要材料单方用量				
	项　目　名　称	单位	单价	数量	合价
一	人工	工日	117.50	0.19	22.33
二	ALC轻质墙板	m³	800.00	0.17	136.00

单位：m²

序号	指 标 编 号		2F-062（1）	
	项 目	单位	装配率75%（钢框架结构）	
			主体结构	
			金额	占指标基价比例（%）
	指 标 基 价	元	2 502.90	100
一	建筑工程费用	元	2 072.79	83
二	安装工程费用	元	0.00	0
三	设备购置费	元	0.00	0
四	工程建设其他费	元	310.92	12
五	基本预备费	元	119.19	5

建筑安装工程单方造价

序号	项 目 名 称	单位	金额
一	人工费	元	146.88
二	材料费	元	1 296.49
三	机械费	元	77.94
四	综合费	元	380.33
五	税金	元	171.15

人工、主要材料单方用量

序号	项 目 名 称	单位	单价	数量	合价
一	人工	工日	117.50	1.25	146.88
二	钢构件	kg	7.50	96.89	726.68
三	防火涂料	kg	6.00	13.77	82.62
四	钢筋	kg	4.34	15.64	67.88
五	混凝土	m³	482.20	0.19	91.62
六	楼承板	m²	90.00	0.79	71.10

单位: m²

序号	指 标 编 号		2F-062（2）	
	项 目	单位	装配率75%（钢框架结构）	
			围护墙和内隔墙	
			金额	占指标基价比例（%）
	指 标 基 价	元	409.02	100
一	建筑工程费用	元	338.73	83
二	安装工程费用	元	0.00	0
三	设备购置费	元	0.00	0
四	工程建设其他费	元	50.81	12
五	基本预备费	元	19.48	5

建筑安装工程单方造价

项 目 名 称	单位	金额	
一	人工费	元	22.33
二	材料费	元	225.99
三	机械费	元	0.29
四	综合费	元	62.15
五	税金	元	27.97

人工、主要材料单方用量

项 目 名 称	单位	单价	数量	合价
一	人工	工日	117.50	0.19	22.33
二	ALC轻质墙板	m³	800.00	0.17	136.00

单位：m²

序号	项　目	单位	指标编号	
			2F-063（1）	
			装配率90%（钢框架结构）	
			主体结构	
			金额	占指标基价比例（%）
	指标基价	元	2 502.90	100
一	建筑工程费用	元	2 072.79	83
二	安装工程费用	元	0.00	0
三	设备购置费	元	0.00	0
四	工程建设其他费	元	310.92	12
五	基本预备费	元	119.19	5

建筑安装工程单方造价

	项目名称	单位	金额	
一	人工费	元	146.88	
二	材料费	元	1 296.49	
三	机械费	元	77.94	
四	综合费	元	380.33	
五	税金	元	171.15	

人工、主要材料单方用量

	项目名称	单位	单价	数量	合价
一	人工	工日	117.50	1.25	146.88
二	钢构件	kg	7.50	96.89	726.68
三	防火涂料	kg	6.00	13.77	82.62
四	钢筋	kg	4.34	15.64	67.88
五	混凝土	m³	482.20	0.19	91.62
六	楼承板	m²	90.00	0.79	71.10

单位: m²

序号	指标 编 号		2F-063（2）	
	项 目	单位	装配率90%（钢框架结构）	
			围护墙和内隔墙	
			金额	占指标基价比例（%）
	指 标 基 价	元	409.02	100
一	建筑工程费用	元	338.73	83
二	安装工程费用	元	0.00	0
三	设备购置费	元	0.00	0
四	工程建设其他费	元	50.81	12
五	基本预备费	元	19.48	5
建筑安装工程单方造价				
	项 目 名 称	单位	金额	
一	人工费	元	22.33	
二	材料费	元	225.99	
三	机械费	元	0.29	
四	综合费	元	62.15	
五	税金	元	27.97	
人工、主要材料单方用量				
	项 目 名 称	单位	单价	数量	合价
一	人工	工日	117.50	0.19	22.33
二	ALC轻质墙板	m³	800.00	0.17	136.00

单位：m²

序号	项 目	单位	指标编号	2F-064（1）
			装配率90%以上（钢框架结构）	
			主体结构	
			金额	占指标基价比例（%）
	指 标 基 价	元	2 502.90	100
一	建筑工程费用	元	2 072.79	83
二	安装工程费用	元	0.00	0
三	设备购置费	元	0.00	0
四	工程建设其他费	元	310.92	12
五	基本预备费	元	119.19	5

建筑安装工程单方造价

序号	项 目 名 称	单位	金额
一	人工费	元	146.88
二	材料费	元	1 296.49
三	机械费	元	77.94
四	综合费	元	380.33
五	税金	元	171.15

人工、主要材料单方用量

序号	项 目 名 称	单位	单价	数量	合价
一	人工	工日	117.50	1.25	146.88
二	钢构件	kg	7.50	96.89	726.68
三	防火涂料	kg	6.00	13.77	82.62
四	钢筋	kg	4.34	15.64	67.88
五	混凝土	m³	482.20	0.19	91.62
六	楼承板	m²	90.00	0.79	71.10

单位：m²

序号	指 标 编 号		2F-064（2）	
	项 目	单位	装配率 90% 以上（钢框架结构）	
			围护墙和内隔墙	
			金额	占指标基价比例（%）
	指 标 基 价	元	409.02	100
一	建筑工程费用	元	338.73	83
二	安装工程费用	元	0.00	0
三	设备购置费	元	0.00	0
四	工程建设其他费	元	50.81	12
五	基本预备费	元	19.48	5
建筑安装工程单方造价				
	项 目 名 称	单位	金额	
一	人工费	元	22.33	
二	材料费	元	225.99	
三	机械费	元	0.29	
四	综合费	元	62.15	
五	税金	元	27.97	
人工、主要材料单方用量				
	项 目 名 称	单位	单价	数量	合价
一	人工	工日	117.50	0.19	22.33
二	ALC轻质墙板	m³	800.00	0.17	136.00

（5）通信建筑类

单位：m²

序号	项 目	单位	指 标 编 号	2F-065（1）
				装配率30%（钢框架结构）
				主体结构
			金额	占指标基价比例（%）
	指 标 基 价	元	7 400.44	100
一	建筑工程费用	元	6 128.73	83
二	安装工程费用	元	0.00	0
三	设备购置费	元	0.00	0
四	工程建设其他费	元	919.31	12
五	基本预备费	元	352.40	5

建筑安装工程单方造价

序号	项 目 名 称	单位	金额
一	人工费	元	500.55
二	材料费	元	3 803.58
三	机械费	元	194.02
四	综合费	元	1 124.54
五	税金	元	506.04

人工、主要材料单方用量

序号	项 目 名 称	单位	单价	数量	合价
一	人工	工日	117.50	4.26	500.55
二	钢构件	kg	7.50	330.81	2 481.08
三	防火涂料	kg	6.00	36.11	216.66
四	钢筋	kg	4.34	22.73	98.65
五	混凝土	m³	482.20	0.16	77.15

单位：m²

序号	指 标 编 号		2F-065（2）	
	项 目	单位	装配率 30%（钢框架结构）	
			围护墙和内隔墙	
			金额	占指标基价比例（%）
	指 标 基 价	元	156.71	100
一	建筑工程费用	元	129.78	83
二	安装工程费用	元	0.00	0
三	设备购置费	元	0.00	0
四	工程建设其他费	元	19.47	12
五	基本预备费	元	7.46	5
建筑安装工程单方造价				
	项 目 名 称	单位	金额	
一	人工费	元	17.63	
二	材料费	元	77.38	
三	机械费	元	0.24	
四	综合费	元	23.81	
五	税金	元	10.72	
人工、主要材料单方用量				
	项 目 名 称	单位	单价	数量	合价
一	人工	工日	117.50	0.15	17.63
二	加气混凝土砌块	m³	478.80	0.13	62.24

单位：m²

序号	指 标 编 号		2F-066（1）	
	项 目	单位	装配率 50%（钢框架结构）	
			主体结构	
			金额	占指标基价比例（%）
	指 标 基 价	元	7 403.67	100
一	建筑工程费用	元	6 131.40	83
二	安装工程费用	元	0.00	0
三	设备购置费	元	0.00	0
四	工程建设其他费	元	919.71	12
五	基本预备费	元	352.56	5
建筑安装工程单方造价				
	项 目 名 称	单位	金额	
一	人工费	元	495.85	
二	材料费	元	3 809.47	
三	机械费	元	194.79	
四	综合费	元	1 125.03	
五	税金	元	506.26	
人工、主要材料单方用量				
	项 目 名 称	单位	单价	数量	合价
一	人工	工日	117.50	4.22	495.85
二	钢构件	kg	7.50	330.81	2 481.08
三	防火涂料	kg	6.00	36.11	216.66
四	钢筋	kg	4.34	23.33	101.25
五	混凝土	m³	482.20	0.15	72.33

单位：m²

序号	项　目	单位	指标编号	2F-066（2）
			装配率50%（钢框架结构）	
			围护墙和内隔墙	
			金额	占指标基价比例（%）
	指　标　基　价	元	265.73	100
一	建筑工程费用	元	220.07	83
二	安装工程费用	元	0.00	0
三	设备购置费	元	0.00	0
四	工程建设其他费	元	33.01	12
五	基本预备费	元	12.65	5

建筑安装工程单方造价

序号	项 目 名 称	单位	金额
一	人工费	元	14.10
二	材料费	元	147.25
三	机械费	元	0.17
四	综合费	元	40.38
五	税金	元	18.17

人工、主要材料单方用量

序号	项 目 名 称	单位	单价	数量	合价
一	人工	工日	117.50	0.12	14.10
二	ALC轻质墙板	m³	800.00	0.13	104.00

单位：m²

序号	指 标 编 号		2F-067（1）	
	项　　目	单位	装配率60%（钢框架结构）	
			主体结构	
			金额	占指标基价比例（％）
	指 标 基 价	元	7 500.43	100
一	建筑工程费用	元	6 211.54	83
二	安装工程费用	元	0.00	0
三	设备购置费	元	0.00	0
四	工程建设其他费	元	931.73	12
五	基本预备费	元	357.16	5
建筑安装工程单方造价				
	项 目 名 称	单位	金额	
一	人工费	元	475.88	
二	材料费	元	3 885.31	
三	机械费	元	197.74	
四	综合费	元	1 139.73	
五	税金	元	512.88	

人工、主要材料单方用量

序号	项 目 名 称	单位	单价	数量	合价
一	人工	工日	117.50	4.05	475.88
二	钢构件	kg	7.50	330.81	2 481.08
三	防火涂料	kg	6.00	36.11	216.66
四	钢筋	kg	4.34	19.01	82.50
五	混凝土	m³	482.20	0.15	72.33
六	楼承板	m²	90.00	0.50	45.00

单位: m²

序号	指 标 编 号		2F-067（2）	
	项 目	单位	装配率60%（钢框架结构）	
			围护墙和内隔墙	
			金额	占指标基价比例（%）
	指 标 基 价	元	265.73	100
一	建筑工程费用	元	220.07	83
二	安装工程费用	元	0.00	0
三	设备购置费	元	0.00	0
四	工程建设其他费	元	33.01	12
五	基本预备费	元	12.65	5

建筑安装工程单方造价			
项 目 名 称	单位	金额	
一	人工费	元	14.10
二	材料费	元	147.25
三	机械费	元	0.17
四	综合费	元	40.38
五	税金	元	18.17

人工、主要材料单方用量				
项 目 名 称	单位	单价	数量	合价
一	人工	工日	117.50	0.12	14.10
二	ALC轻质墙板	m³	800.00	0.13	104.00

单位：m²

指 标 编 号			2F-068（1）	
序号	项 目	单位	装配率75%（钢框架结构）	
			主体结构	
			金额	占指标基价比例（%）
	指 标 基 价	元	7 538.15	100
一	建筑工程费用	元	6 242.77	83
二	安装工程费用	元	0.00	0
三	设备购置费	元	0.00	0
四	工程建设其他费	元	936.42	12
五	基本预备费	元	358.96	5
建筑安装工程单方造价				
	项 目 名 称	单位	金额	
一	人工费	元	471.18	
二	材料费	元	3 911.70	
三	机械费	元	198.97	
四	综合费	元	1 145.46	
五	税金	元	515.46	
人工、主要材料单方用量				
	项 目 名 称	单位	单价	数量	合价
一	人工	工日	117.50	4.01	471.18
二	钢构件	kg	7.50	330.81	2 481.08
三	防火涂料	kg	6.00	36.11	216.66
四	钢筋	kg	4.34	14.68	63.71
五	混凝土	m³	482.20	0.15	72.33
六	楼承板	m²	90.00	0.69	62.10

单位：m²

序号	指标编号		2F-068（2）	
	项 目	单位	装配率75%（钢框架结构）	
			围护墙和内隔墙	
			金额	占指标基价比例（%）
	指 标 基 价	元	265.73	100
一	建筑工程费用	元	220.07	83
二	安装工程费用	元	0.00	0
三	设备购置费	元	0.00	0
四	工程建设其他费	元	33.01	12
五	基本预备费	元	12.65	5

建筑安装工程单方造价

	项 目 名 称	单位	金额	
一	人工费	元	14.10	
二	材料费	元	147.25	
三	机械费	元	0.17	
四	综合费	元	40.38	
五	税金	元	18.17	

人工、主要材料单方用量

	项 目 名 称	单位	单价	数量	合价
一	人工	工日	117.50	0.12	14.10
二	ALC轻质墙板	m³	800.00	0.13	104.00

单位：m²

序号	指标编号		2F-069（1）	
	项　目	单位	装配率 90%（钢框架结构）	
			主体结构	
			金额	占指标基价比例（%）
	指　标　基　价	元	7 538.15	100
一	建筑工程费用	元	6 242.77	83
二	安装工程费用	元	0.00	0
三	设备购置费	元	0.00	0
四	工程建设其他费	元	936.42	12
五	基本预备费	元	358.96	5
建筑安装工程单方造价				
	项目名称	单位	金额	
一	人工费	元	471.18	
二	材料费	元	3 911.70	
三	机械费	元	198.97	
四	综合费	元	1 145.46	
五	税金	元	515.46	
人工、主要材料单方用量				
	项目名称	单位	单价	数量	合价
一	人工	工日	117.50	4.01	471.18
二	钢构件	kg	7.50	330.81	2 481.08
三	防火涂料	kg	6.00	36.11	216.66
四	钢筋	kg	4.34	14.68	63.71
五	混凝土	m³	482.20	0.15	72.33
六	楼承板	m²	90.00	0.69	62.10

单位：m²

序号	项 目	单位	指 标 编 号	2F-069（2）
			装配率 90%（钢框架结构）	
			围护墙和内隔墙	
			金额	占指标基价比例（%）
	指 标 基 价	元	265.73	100
一	建筑工程费用	元	220.07	83
二	安装工程费用	元	0.00	0
三	设备购置费	元	0.00	0
四	工程建设其他费	元	33.01	12
五	基本预备费	元	12.65	5

建筑安装工程单方造价			
项 目 名 称	单位	金额	
一	人工费	元	14.10
二	材料费	元	147.25
三	机械费	元	0.17
四	综合费	元	40.38
五	税金	元	18.17

人工、主要材料单方用量				
项 目 名 称	单位	单价	数量	合价
一	人工	工日	117.50	0.12	14.10
二	ALC 轻质墙板	m³	800.00	0.13	104.00

单位：m²

序号	指标编号		2F-070（1）	
	项 目	单位	装配率90%以上（钢框架结构）	
			主体结构	
			金额	占指标基价比例（%）
	指 标 基 价	元	7 538.15	100
一	建筑工程费用	元	6 242.77	83
二	安装工程费用	元	0.00	0
三	设备购置费	元	0.00	0
四	工程建设其他费	元	936.42	12
五	基本预备费	元	358.96	5
建筑安装工程单方造价				
	项 目 名 称	单位	金额	
一	人工费	元	471.18	
二	材料费	元	3 911.70	
三	机械费	元	198.97	
四	综合费	元	1 145.46	
五	税金	元	515.46	

人工、主要材料单方用量

序号	项 目 名 称	单位	单价	数量	合价
一	人工	工日	117.50	4.01	471.18
二	钢构件	kg	7.50	330.81	2 481.08
三	防火涂料	kg	6.00	36.11	216.66
四	钢筋	kg	4.34	14.68	63.71
五	混凝土	m³	482.20	0.15	72.33
六	楼承板	m²	90.00	0.69	62.10

单位：m²

序号	指 标 编 号		2F-070（2）	
	项　　目	单位	装配率 90% 以上（钢框架结构）	
			围护墙和内隔墙	
			金额	占指标基价比例（%）
	指 标 基 价	元	265.73	100
一	建筑工程费用	元	220.07	83
二	安装工程费用	元	0.00	0
三	设备购置费	元	0.00	0
四	工程建设其他费	元	33.01	12
五	基本预备费	元	12.65	5
建筑安装工程单方造价				
	项 目 名 称	单位	金额	
一	人工费	元	14.10	
二	材料费	元	147.25	
三	机械费	元	0.17	
四	综合费	元	40.38	
五	税金	元	18.17	
人工、主要材料单方用量				
	项 目 名 称	单位	单价	数量	合价
一	人工	工日	117.50	0.12	14.10
二	ALC 轻质墙板	m³	800.00	0.13	104.00

（6）交通运输类

单位：m²

序号	指 标 编 号			2F-071（1）	
	项　目	单位		装配率30%（桁架结构）	
				主体结构	
				金额	占指标基价比例（%）
	指 标 基 价	元		3 245.27	100
一	建筑工程费用	元		2 687.59	83
二	安装工程费用	元		0.00	0
三	设备购置费	元		0.00	0
四	工程建设其他费	元		403.14	12
五	基本预备费	元		154.54	5
建筑安装工程单方造价					
	项 目 名 称	单位		金额	
一	人工费	元		298.45	
二	材料费	元		1 591.88	
三	机械费	元		82.21	
四	综合费	元		493.14	
五	税金	元		221.91	
人工、主要材料单方用量					
	项 目 名 称	单位	单价	数量	合价
一	人工	工日	117.50	2.54	298.45
二	钢构件	kg	7.50	110.68	830.10
三	防火涂料	kg	6.00	30.28	181.68
四	钢筋	kg	4.34	82.49	358.01
五	混凝土	m³	482.20	0.34	163.95

（6）交通运输类

单位：m²

序号	项　目	单位	指　标　编　号	2F-071（2）
			装配率 30%（桁架结构）	
			围护墙和内隔墙	
			金额	占指标基价比例（%）
	指　标　基　价	元	628.12	100
一	建筑工程费用	元	520.18	83
二	安装工程费用	元	0.00	0
三	设备购置费	元	0.00	0
四	工程建设其他费	元	78.03	12
五	基本预备费	元	29.91	5

建筑安装工程单方造价

	项　目　名　称	单位	金额
一	人工费	元	47.00
二	材料费	元	325.25
三	机械费	元	9.53
四	综合费	元	95.45
五	税金	元	42.95

人工、主要材料单方用量

	项　目　名　称	单位	单价	数量	合价
一	人工	工日	117.50	0.40	47.00
二	加气混凝土砌块	m³	478.80	0.17	81.40
三	玻璃幕墙	m²	1 020.00	0.20	204.00

单位: m²

序号	指 标 编 号		2F-072（1）	
	项　目	单位	装配率 50%（桁架结构）	
			主体结构	
			金额	占指标基价比例（%）
	指 标 基 价	元	3 246.67	100
一	建筑工程费用	元	2 688.76	83
二	安装工程费用	元	0.00	0
三	设备购置费	元	0.00	0
四	工程建设其他费	元	403.31	12
五	基本预备费	元	154.60	5

建筑安装工程单方造价

	项 目 名 称	单位	金额	
一	人工费	元	296.10	
二	材料费	元	1 594.71	
三	机械费	元	82.59	
四	综合费	元	493.35	
五	税金	元	222.01	

人工、主要材料单方用量

	项 目 名 称	单位	单价	数量	合价
一	人工	工日	117.50	2.52	296.10
二	钢构件	kg	7.50	110.68	830.10
三	防火涂料	kg	6.00	30.28	181.68
四	钢筋	kg	4.34	83.07	360.52
五	混凝土	m³	482.20	0.34	163.95

单位：m²

序号	指 标 编 号		2F-072（2）	
	项　　目	单位	装配率 50%（桁架结构）	
			围护墙和内隔墙	
			金额	占指标基价比例（％）
	指 标 基 价	元	735.36	100
一	建筑工程费用	元	608.99	83
二	安装工程费用	元	0.00	0
三	设备购置费	元	0.00	0
四	工程建设其他费	元	91.35	12
五	基本预备费	元	35.02	5

建筑安装工程单方造价			
项 目 名 称	单位	金额	
一	人工费	元	43.48
二	材料费	元	394.03
三	机械费	元	9.46
四	综合费	元	111.74
五	税金	元	50.28

人工、主要材料单方用量				
项 目 名 称	单位	单价	数量	合价
一	人工	工日	117.50	0.37	43.48
二	轻钢龙骨复合内墙板	m²	150.00	1.25	187.50
三	玻璃幕墙	m²	1 020.00	0.20	204.00

单位：m²

序号	指标 编 号		2F-073（1）	
	项 目	单位	装配率60%（桁架结构）	
			主体结构	
			金额	占指标基价比例（%）
	指 标 基 价	元	3 362.87	100
一	建筑工程费用	元	2 784.98	83
二	安装工程费用	元	0.00	0
三	设备购置费	元	0.00	0
四	工程建设其他费	元	417.75	12
五	基本预备费	元	160.14	5
建筑安装工程单方造价				
	项 目 名 称	单位	金额	
一	人工费	元	290.23	
二	材料费	元	1 668.45	
三	机械费	元	85.34	
四	综合费	元	511.01	
五	税金	元	229.95	
人工、主要材料单方用量				
	项 目 名 称	单位	单价	数量	合价
一	人工	工日	117.50	2.47	290.23
二	钢构件	kg	7.50	110.68	830.10
三	防火涂料	kg	6.00	30.28	181.68
四	钢筋	kg	4.34	77.39	335.87
五	混凝土	m³	482.20	0.34	163.95
六	楼承板	m²	90.00	0.47	42.30

单位：m²

序号	指 标 编 号		2F-073（2）	
	项 目	单位	装配率60%（桁架结构）	
			围护墙和内隔墙	
			金额	占指标基价比例（%）
	指 标 基 价	元	735.36	100
一	建筑工程费用	元	608.99	83
二	安装工程费用	元	0.00	0
三	设备购置费	元	0.00	0
四	工程建设其他费	元	91.35	12
五	基本预备费	元	35.02	5
建筑安装工程单方造价				
	项 目 名 称	单位	金额	
一	人工费	元	43.48	
二	材料费	元	394.03	
三	机械费	元	9.46	
四	综合费	元	111.74	
五	税金	元	50.28	
人工、主要材料单方用量				
	项 目 名 称	单位	单价	数量	合价
一	人工	工日	117.50	0.37	43.48
二	轻钢龙骨复合内墙板	m²	150.00	1.25	187.50
三	玻璃幕墙	m²	1 020.00	0.20	204.00

单位：m²

指标编号			2F-074（1）	
序号	项 目	单位	装配率75%（桁架结构）	
			主体结构	
			金额	占指标基价比例（%）
	指 标 基 价	元	3 412.93	100
一	建筑工程费用	元	2 826.44	83
二	安装工程费用	元	0.00	0
三	设备购置费	元	0.00	0
四	工程建设其他费	元	423.97	12
五	基本预备费	元	162.52	5
建筑安装工程单方造价				
	项 目 名 称	单位	金额	
一	人工费	元	287.88	
二	材料费	元	1 700.05	
三	机械费	元	86.52	
四	综合费	元	518.61	
五	税金	元	233.38	
人工、主要材料单方用量				
	项 目 名 称	单位	单价	数量	合价
一	人工	工日	117.50	2.45	287.88
二	钢构件	kg	7.50	110.68	830.10
三	防火涂料	kg	6.00	30.28	181.68
四	钢筋	kg	4.34	74.95	325.28
五	混凝土	m³	482.20	0.34	163.95
六	楼承板	m²	90.00	0.66	59.40

单位:m²

序号	指 标 编 号		2F-074（2）	
	项　目	单位	装配率75%（桁架结构）	
			围护墙和内隔墙	
			金额	占指标基价比例（％）
	指 标 基 价	元	735.36	100
一	建筑工程费用	元	608.99	83
二	安装工程费用	元	0.00	0
三	设备购置费	元	0.00	0
四	工程建设其他费	元	91.35	12
五	基本预备费	元	35.02	5
建筑安装工程单方造价				
	项 目 名 称	单位	金额	
一	人工费	元	43.48	
二	材料费	元	394.03	
三	机械费	元	9.46	
四	综合费	元	111.74	
五	税金	元	50.28	
人工、主要材料单方用量				
	项 目 名 称	单位	单价	数量	合价
一	人工	工日	117.50	0.37	43.48
二	轻钢龙骨复合内墙板	m²	150.00	1.25	187.50
三	玻璃幕墙	m²	1 020.00	0.20	204.00

单位: m²

序号	指 标 编 号		2F-075（1）	
	项 目	单位	装配率90%（桁架结构）	
			主体结构	
			金额	占指标基价比例（%）
	指 标 基 价	元	3 412.93	100
一	建筑工程费用	元	2 826.44	83
二	安装工程费用	元	0.00	0
三	设备购置费	元	0.00	0
四	工程建设其他费	元	423.97	12
五	基本预备费	元	162.52	5
建筑安装工程单方造价				
	项 目 名 称	单位	金额	
一	人工费	元	287.88	
二	材料费	元	1 700.05	
三	机械费	元	86.52	
四	综合费	元	518.61	
五	税金	元	233.38	
人工、主要材料单方用量				
	项 目 名 称	单位	单价	数量	合价
一	人工	工日	117.50	2.45	287.88
二	钢构件	kg	7.50	110.68	830.10
三	防火涂料	kg	6.00	30.28	181.68
四	钢筋	kg	4.34	74.95	325.28
五	混凝土	m³	482.20	0.34	163.95
六	楼承板	m²	90.00	0.66	59.40

单位：m²

序号	项　目	单位	指标编号	2F-075（2）
			装配率 90%（桁架结构）	
			围护墙和内隔墙	
			金额	占指标基价比例（%）
	指 标 基 价	元	735.36	100
一	建筑工程费用	元	608.99	83
二	安装工程费用	元	0.00	0
三	设备购置费	元	0.00	0
四	工程建设其他费	元	91.35	12
五	基本预备费	元	35.02	5

建筑安装工程单方造价

	项 目 名 称	单位	金额
一	人工费	元	43.48
二	材料费	元	394.03
三	机械费	元	9.46
四	综合费	元	111.74
五	税金	元	50.28

人工、主要材料单方用量

	项 目 名 称	单位	单价	数量	合价
一	人工	工日	117.50	0.37	43.48
二	轻钢龙骨复合内墙板	m²	150.00	1.25	187.50
三	玻璃幕墙	m²	1 020.00	0.20	204.00

单位：m^2

指 标 编 号			2F-076（1）	
序号	项　　目	单位	装配率90%以上（桁架结构）	
			主体结构	
			金额	占指标基价比例（%）
	指 标 基 价	元	3 412.93	100
一	建筑工程费用	元	2 826.44	83
二	安装工程费用	元	0.00	0
三	设备购置费	元	0.00	0
四	工程建设其他费	元	423.97	12
五	基本预备费	元	162.52	5
建筑安装工程单方造价				
	项 目 名 称	单位	金额	
一	人工费	元	287.88	
二	材料费	元	1 700.05	
三	机械费	元	86.52	
四	综合费	元	518.61	
五	税金	元	233.38	
人工、主要材料单方用量				
	项 目 名 称	单位	单价	数量	合价
一	人工	工日	117.50	2.45	287.88
二	钢构件	kg	7.50	110.68	830.10
三	防火涂料	kg	6.00	30.28	181.68
四	钢筋	kg	4.34	74.95	325.28
五	混凝土	m^3	482.20	0.34	163.95
六	楼承板	m^2	90.00	0.66	59.40

单位：m²

指 标 编 号			2F-076（2）	
序号	项　目	单位	装配率90%以上（桁架结构）	
			围护墙和内隔墙	
			金额	占指标基价比例（%）
	指 标 基 价	元	735.36	100
一	建筑工程费用	元	608.99	83
二	安装工程费用	元	0.00	0
三	设备购置费	元	0.00	0
四	工程建设其他费	元	91.35	12
五	基本预备费	元	35.02	5

建筑安装工程单方造价

	项 目 名 称	单位	金额
一	人工费	元	43.48
二	材料费	元	394.03
三	机械费	元	9.46
四	综合费	元	111.74
五	税金	元	50.28

人工、主要材料单方用量

	项 目 名 称	单位	单价	数量	合价
一	人工	工日	117.50	0.37	43.48
二	轻钢龙骨复合内墙板	m²	150.00	1.25	187.50
三	玻璃幕墙	m²	1 020.00	0.20	204.00

三、装配式木结构工程投资估算分项调整指标

1. 居住建筑类

（1）轻型木结构

单位：m²

序号	指 标 编 号		3F-001（1）	
	项 目	单位	50m² 以内	
			主体结构	
			金额	占指标基价比例（%）
	指 标 基 价	元	2 083.90	100
一	建筑工程费用	元	1 725.80	83
二	安装工程费用	元	0.00	0
三	设备购置费	元	0.00	0
四	工程建设其他费	元	258.87	12
五	基本预备费	元	99.23	5

建筑安装工程单方造价			
项 目 名 称	单位	金额	
一	人工费	元	560.48
二	材料费	元	642.35
三	机械费	元	63.81
四	综合费	元	316.66
五	税金	元	142.50

人工、主要材料单方用量				
项 目 名 称	单位	单价	数量	合价
一	人工	工日	117.50	4.77	560.48
二	结构板	m²	35.00	2.29	80.15
三	龙骨、格栅	m³	2 600.00	0.03	78.00
四	五金件	kg	18.00	0.88	15.84

单位：m²

序号	指 标 编 号		单位	3F-001（2）	
	项　　目		单位	50m² 以内	
				围护墙和内隔墙	
				金额	占指标基价比例（%）
	指 标 基 价		元	2 176.74	100
一	建筑工程费用		元	1 802.69	83
二	安装工程费用		元	0.00	0
三	设备购置费		元	0.00	0
四	工程建设其他费		元	270.40	12
五	基本预备费		元	103.65	5
建筑安装工程单方造价					
	项 目 名 称		单位	金额	
一	人工费		元	414.78	
二	材料费		元	835.22	
三	机械费		元	73.07	
四	综合费		元	330.77	
五	税金		元	148.85	
人工、主要材料单方用量					
	项 目 名 称	单位	单价	数量	合价
一	人工	工日	117.50	3.53	414.78
二	结构板	m²	35.00	1.77	61.95
三	龙骨、格栅	m³	2 600.00	0.15	390
四	五金件	kg	—	—	—

单位: m²

序号	指标 编 号		3F-002（1）	
	项 目	单位	300m² 以内	
			主体结构	
			金额	占指标基价比例（%）
	指 标 基 价	元	1 957.35	100
一	建筑工程费用	元	1 620.99	83
二	安装工程费用	元	0.00	0
三	设备购置费	元	0.00	0
四	工程建设其他费	元	243.15	12
五	基本预备费	元	93.21	5

建筑安装工程单方造价

项 目 名 称	单位	金额
一 人工费	元	519.35
二 材料费	元	573.28
三 机械费	元	97.09
四 综合费	元	297.43
五 税金	元	133.84

人工、主要材料单方用量

项 目 名 称	单位	单价	数量	合价
一 人工	工日	117.50	4.42	519.35
二 结构板	m²	35.00	2.31	80.85
三 龙骨、格栅	m³	2 600.00	0.13	338.00
四 五金件	kg	18.00	0.27	4.86

单位：m²

序号	指标编号		3F-002（2）	
	项　目	单位	300m² 以内	
			围护墙和内隔墙	
			金额	占指标基价比例（%）
	指　标　基　价	元	1 530.71	100
一	建筑工程费用	元	1 267.67	83
二	安装工程费用	元	0.00	0
三	设备购置费	元	0.00	0
四	工程建设其他费	元	190.15	12
五	基本预备费	元	72.89	5
建筑安装工程单方造价				
	项　目　名　称	单位	金额	
一	人工费	元	317.25	
二	材料费	元	588.53	
三	机械费	元	24.62	
四	综合费	元	232.60	
五	税金	元	104.67	
人工、主要材料单方用量				
	项　目　名　称	单位	单价	数量	合价
一	人工	工日	117.50	2.70	317.25
二	结构板	m²	35.00	2.12	74.20
三	龙骨、格栅	m³	2 600.00	0.06	156.00
四	五金件	kg	—	—	—

单位:m²

序号	项 目	单位	指 标 编 号	3F-003（1）
			1 000m² 以内	
			主体结构	
			金额	占指标基价比例（%）
	指 标 基 价	元	1 047.36	100
一	建筑工程费用	元	867.38	83
二	安装工程费用	元	0.00	0
三	设备购置费	元	0.00	0
四	工程建设其他费	元	130.11	12
五	基本预备费	元	49.87	5

建筑安装工程单方造价

序号	项 目 名 称	单位	金额
一	人工费	元	294.93
二	材料费	元	282.54
三	机械费	元	59.14
四	综合费	元	159.15
五	税金	元	71.62

人工、主要材料单方用量

序号	项 目 名 称	单位	单价	数量	合价
一	人工	工日	117.50	2.51	294.93
二	结构板	m²	35.00	2.27	79.45
三	龙骨、格栅	m³	2 600.00	0.05	130.00
四	五金件	kg	18.00	0.07	1.26

单位: m²

序号	项　目	单位	指标编号	3F-003（2）
			1 000m² 以内	
			围护墙和内隔墙	
			金额	占指标基价比例（%）
	指 标 基 价	元	1 288.81	100
一	建筑工程费用	元	1 067.34	83
二	安装工程费用	元	0.00	0
三	设备购置费	元	0.00	0
四	工程建设其他费	元	160.10	12
五	基本预备费	元	61.37	5

建筑安装工程单方造价

	项 目 名 称	单位	金额
一	人工费	元	273.78
二	材料费	元	481.95
三	机械费	元	27.64
四	综合费	元	195.84
五	税金	元	88.13

人工、主要材料单方用量

	项 目 名 称	单位	单价	数量	合价
一	人工	工日	117.50	2.33	273.78
二	结构板	m²	35.00	1.47	51.45
三	龙骨、格栅	m³	2 600.00	0.05	130.00
四	五金件	kg	—	—	—

（2）胶合木结构

单位：m²

序号	项目	单位	3F-004（1）	
			50m² 以内	
			主体结构	
			金额	占指标基价比例（%）
	指标基价	元	2 276.59	100
一	建筑工程费用	元	1 885.37	83
二	安装工程费用	元	0.00	0
三	设备购置费	元	0.00	0
四	工程建设其他费	元	282.81	12
五	基本预备费	元	108.41	5

建筑安装工程单方造价

	项目名称	单位	金额
一	人工费	元	282.00
二	材料费	元	1 027.78
三	机械费	元	73.98
四	综合费	元	345.94
五	税金	元	155.67

人工、主要材料单方用量

	项目名称	单位	单价	数量	合价
一	人工	工日	117.50	2.40	282.00
二	预制构件（胶合木）	m³	7 500.00	0.10	750.00
三	结构板	m²	35.00	1.48	51.80
四	龙骨、格栅	m³	2 600.00	0.03	78.00
五	五金件	kg	18.00	7.79	140.22

单位：m²

序号	项　目	单位	指标编号	3F-004（2）
			50m² 以内	
			围护墙和内隔墙	
			金额	占指标基价比例（%）
	指标基价	元	2 237.71	100
一	建筑工程费用	元	1 853.17	83
二	安装工程费用	元	0.00	0
三	设备购置费	元	0.00	0
四	工程建设其他费	元	277.98	12
五	基本预备费	元	106.56	5

建筑安装工程单方造价

序号	项目名称	单位	金额
一	人工费	元	212.68
二	材料费	元	1 117.50
三	机械费	元	29.95
四	综合费	元	340.03
五	税金	元	153.01

人工、主要材料单方用量

序号	项目名称	单位	单价	数量	合价
一	人工	工日	117.50	1.81	212.68
二	预制构件（胶合木）	m³	—	—	—
三	结构板	m²	35.00	1.13	39.55
四	龙骨、格栅	m³	2 600.00	0.02	52.00
五	五金件	kg	—	—	—

单位：m²

序号	项　目	单位	指标编号	3F-005（1）
			300m² 以内	
			主体结构	
			金额	占指标基价比例（%）
	指 标 基 价	元	1 607.43	100
一	建筑工程费用	元	1 331.21	83
二	安装工程费用	元	0.00	0
三	设备购置费	元	0.00	0
四	工程建设其他费	元	199.68	12
五	基本预备费	元	76.54	5

建筑安装工程单方造价

序号	项 目 名 称	单位	金额
一	人工费	元	418.30
二	材料费	元	500.85
三	机械费	元	57.88
四	综合费	元	244.26
五	税金	元	109.92

人工、主要材料单方用量

序号	项 目 名 称	单位	单价	数量	合价
一	人工	工日	117.50	3.56	418.30
二	预制构件（胶合木）	m³	7 500.00	0.02	150.00
三	结构板	m²	35.00	1.06	37.10
四	龙骨、格栅	m³	2 600.00	0.11	286.00
五	五金件	kg	18.00	2.97	53.46

单位：m²

序号	指 标 编 号	单位	3F-005（2）	
	项　　目		300m² 以内	
			围护墙和内隔墙	
			金额	占指标基价比例（％）
	指 标 基 价	元	2 212.22	100
一	建筑工程费用	元	1 832.07	83
二	安装工程费用	元	0.00	0
三	设备购置费	元	0.00	0
四	工程建设其他费	元	274.81	12
五	基本预备费	元	105.34	5

建筑安装工程单方造价			
项 目 名 称	单位	金额	
一	人工费	元	486.45
二	材料费	元	797.99
三	机械费	元	60.20
四	综合费	元	336.16
五	税金	元	151.27

人工、主要材料单方用量				
项 目 名 称	单位	单价	数量	合价
一	人工	工日	117.50	4.14	486.45
二	预制构件（胶合木）	m³	—	—	—
三	结构板	m²	35.00	4.63	162.05
四	龙骨、格栅	m³	2 600.00	0.07	182.00
五	五金件	kg	—	—	—

单位：m²

序号	项　目	单位	指　标　编　号	3F-006（1）
			1 000m² 以内	
			主体结构	
			金额	占指标基价比例（％）
	指 标 基 价	元	1 193.83	100
一	建筑工程费用	元	988.68	83
二	安装工程费用	元	0.00	0
三	设备购置费	元	0.00	0
四	工程建设其他费	元	148.30	12
五	基本预备费	元	56.85	5

建筑安装工程单方造价

序号	项 目 名 称	单位	金额
一	人工费	元	242.05
二	材料费	元	399.26
三	机械费	元	84.33
四	综合费	元	181.41
五	税金	元	81.63

人工、主要材料单方用量

序号	项 目 名 称	单位	单价	数量	合价
一	人工	工日	117.50	2.06	242.05
二	预制构件（胶合木）	m³	7 500.00	0.03	225.00
三	结构板	m²	35.00	0.60	21.00
四	龙骨、格栅	m³	2 600.00	0.02	52.00
五	五金件	kg	18.00	4.62	83.16

单位：m²

序号	指 标 编 号		3F-006（2）	
	项　　目	单位	1 000m²　以内	
			围护墙和内隔墙	
			金额	占指标基价比例（%）
	指 标 基 价	元	1 663.85	100
一	建筑工程费用	元	1 377.93	83
二	安装工程费用	元	0.00	0
三	设备购置费	元	0.00	0
四	工程建设其他费	元	206.69	12
五	基本预备费	元	79.23	5
建筑安装工程单方造价				
	项 目 名 称	单位	金额	
一	人工费	元	365.43	
二	材料费	元	600.60	
三	机械费	元	45.30	
四	综合费	元	252.83	
五	税金	元	113.77	
人工、主要材料单方用量				
	项 目 名 称	单位	单价	数量	合价
一	人工	工日	117.50	3.11	365.43
二	预制构件（胶合木）	m³	—	—	—
三	结构板	m²	35.00	3.48	121.80
四	龙骨、格栅	m³	2 600.00	0.05	130.00
五	五金件	kg	—	—	—

2. 公共建筑类

（1）轻型木结构

单位：m²

序号	指 标 编 号		3F-007（1）	
	项　目	单位	50m² 以内	
			主体结构	
			金额	占指标基价比例（％）
	指 标 基 价	元	2 244.97	100
一	建筑工程费用	元	1 859.19	83
二	安装工程费用	元	0.00	0
三	设备购置费	元	0.00	0
四	工程建设其他费	元	278.88	12
五	基本预备费	元	106.90	5

建筑安装工程单方造价				
项 目 名 称	单位	金额		
一	人工费	元	499.38	
二	材料费	元	805.61	
三	机械费	元	59.55	
四	综合费	元	341.14	
五	税金	元	153.51	

人工、主要材料单方用量				
项 目 名 称	单位	单价	数量	合价
一	人工	工日	117.50	4.25	499.38
二	结构板	m²	35.00	1.47	51.45
三	龙骨、格栅	m³	2 600.00	0.08	208.00
四	五金件	kg	18.00	9.69	174.42

单位：m²

序号	指 标 编 号			3F-007（2）	
	项　目	单位		50m² 以内	
				围护墙和内隔墙	
				金额	占指标基价比例（%）
	指 标 基 价	元		1 506.09	100
一	建筑工程费用	元		1 247.28	83
二	安装工程费用	元		0.00	0
三	设备购置费	元		0.00	0
四	工程建设其他费	元		187.09	12
五	基本预备费	元		71.72	5

建筑安装工程单方造价

	项 目 名 称	单位	金额
一	人工费	元	257.33
二	材料费	元	623.08
三	机械费	元	35.02
四	综合费	元	228.86
五	税金	元	102.99

人工、主要材料单方用量

	项 目 名 称	单位	单价	数量	合价
一	人工	工日	117.50	2.19	257.33
二	结构板	m²	35.00	5.00	175.00
三	龙骨、格栅	m³	2 600.00	0.06	156.00
四	五金件	kg	—	—	—

单位:m²

序号	指 标 编 号		3F-008(1)	
	项 目	单位	300m² 以内	
			主体结构	
			金额	占指标基价比例（%）
	指 标 基 价	元	1 943.91	100
一	建筑工程费用	元	1 609.86	83
二	安装工程费用	元	0.00	0
三	设备购置费	元	0.00	0
四	工程建设其他费	元	241.48	12
五	基本预备费	元	92.57	5
建筑安装工程单方造价				
	项 目 名 称	单位	金额	
一	人工费	元	467.65	
二	材料费	元	646.82	
三	机械费	元	67.08	
四	综合费	元	295.39	
五	税金	元	132.92	

人工、主要材料单方用量				
	项 目 名 称	单位	单价	数量	合价
一	人工	工日	117.50	3.98	467.65
二	结构板	m²	35.00	1.22	42.70
三	龙骨、格栅	m³	2 600.00	0.04	104.00
四	五金件	kg	18.00	3.70	66.60

单位：m²

序号	项 目	单位	指 标 编 号	3F-008（2）
				300m² 以内
				围护墙和内隔墙
			金额	占指标基价比例（%）
	指 标 基 价	元	1 454.62	100
一	建筑工程费用	元	1 204.65	83
二	安装工程费用	元	0.00	0
三	设备购置费	元	0.00	0
四	工程建设其他费	元	180.70	12
五	基本预备费	元	69.27	5

建筑安装工程单方造价

	项 目 名 称	单位	金额
一	人工费	元	226.78
二	材料费	元	618.05
三	机械费	元	39.31
四	综合费	元	221.04
五	税金	元	99.47

人工、主要材料单方用量

	项 目 名 称	单位	单价	数量	合价
一	人工	工日	117.50	1.93	226.78
二	结构板	m²	35.00	2.21	77.35
三	龙骨、格栅	m³	2 600.00	0.15	390.00
四	五金件	kg	—	—	—

单位: m²

序号	指 标 编 号		3F-009（1）	
	项 目	单位	1 000m² 以内	
			主体结构	
			金额	占指标基价比例（%）
	指 标 基 价	元	1 232.94	100
一	建筑工程费用	元	1 021.07	83
二	安装工程费用	元	0.00	0
三	设备购置费	元	0.00	0
四	工程建设其他费	元	153.16	12
五	基本预备费	元	58.71	5

建筑安装工程单方造价

序号	项 目 名 称	单位	金额
一	人工费	元	327.83
二	材料费	元	353.98
三	机械费	元	67.60
四	综合费	元	187.35
五	税金	元	84.31

人工、主要材料单方用量

序号	项 目 名 称	单位	单价	数量	合价
一	人工	工日	117.50	2.79	327.83
二	结构板	m²	35.00	0.91	31.85
三	龙骨、格栅	m³	2 600.00	0.10	260.00
四	五金件	kg	18.00	0.14	2.52

单位：m²

序号	指 标 编 号		3F-009（2）	
	项 目	单位	1 000m² 以内	
			围护墙和内隔墙	
			金额	占指标基价比例（％）
	指 标 基 价	元	1 785.15	100
一	建筑工程费用	元	1 478.38	83
二	安装工程费用	元	0.00	0
三	设备购置费	元	0.00	0
四	工程建设其他费	元	221.76	12
五	基本预备费	元	85.01	5

建筑安装工程单方造价			
项 目 名 称	单位	金额	
一	人工费	元	399.50
二	材料费	元	640.04
三	机械费	元	45.51
四	综合费	元	271.26
五	税金	元	122.07

人工、主要材料单方用量				
项 目 名 称	单位	单价	数量	合价
一	人工	工日	117.50	3.40	399.50
二	结构板	m²	35.00	3.02	105.70
三	龙骨、格栅	m³	2 600.00	0.04	104.00
四	五金件	kg	—	—	—

（2）胶合木结构

单位：m²

単位：m^2

序号	项　　目	单位	指　标　编　号	3F-010（1）
			50m^2 以内	
			主体结构	
			金额	占指标基价比例（％）
	指　标　基　价	元	1 577.70	100
一	建筑工程费用	元	1 306.58	83
二	安装工程费用	元	0.00	0
三	设备购置费	元	0.00	0
四	工程建设其他费	元	195.99	12
五	基本预备费	元	75.13	5
建筑安装工程单方造价				
	项 目 名 称	单位	金额	
一	人工费	元	427.70	
二	材料费	元	479.96	
三	机械费	元	51.30	
四	综合费	元	239.74	
五	税金	元	107.88	

人工、主要材料单方用量

序号	项 目 名 称	单位	单价	数量	合价
一	人工	工日	117.50	3.64	427.70
二	预制构件（胶合木）	m^3	7 500.00	0.02	150.00
三	结构板	m^2	35.00	1.55	54.25
四	龙骨、格栅	m^3	2 600.00	0.04	104.00
五	五金件	kg	18.00	6.50	117.00

单位: m²

序号	项　目	单位	指标编号	3F-010（2）
			50m² 以内	
			围护墙和内隔墙	
			金额	占指标基价比例（%）
	指　标　基　价	元	2 185.10	100
一	建筑工程费用	元	1 809.61	83
二	安装工程费用	元	0.00	0
三	设备购置费	元	0.00	0
四	工程建设其他费	元	271.44	12
五	基本预备费	元	104.05	5
建筑安装工程单方造价				
	项　目　名　称	单位	金额	
一	人工费	元	371.30	
二	材料费	元	920.63	
三	机械费	元	36.22	
四	综合费	元	332.04	
五	税金	元	149.42	

人工、主要材料单方用量

	项　目　名　称	单位	单价	数量	合价
一	人工	工日	117.50	3.16	371.30
二	预制构件（胶合木）	m³	—	—	—
三	结构板	m²	35.00	6.52	228.20
四	龙骨、格栅	m³	2 600.00	0.11	286.00
五	五金件	kg	—	—	—

单位：m²

序号	指 标 编 号		单位	3F-011（1）	
	项　　目		单位	300m² 以内	
				主体结构	
				金额	占指标基价比例（％）
	指 标 基 价		元	1 822.71	100
一	建筑工程费用		元	1 509.49	83
二	安装工程费用		元	0.00	0
三	设备购置费		元	0.00	0
四	工程建设其他费		元	226.42	12
五	基本预备费		元	86.80	5
建筑安装工程单方造价					
	项 目 名 称		单位	金额	
一	人工费		元	462.95	
二	材料费		元	583.53	
三	机械费		元	61.40	
四	综合费		元	276.97	
五	税金		元	124.64	
人工、主要材料单方用量					
	项 目 名 称	单位	单价	数量	合价
一	人工	工日	117.50	3.94	462.95
二	预制构件（胶合木）	m³	7 500.00	0.05	375.00
三	结构板	m²	35.00	1.65	57.75
四	龙骨、格栅	m³	2 600.00	0.04	104.00
五	五金件	kg	18.00	1.57	28.26

单位：m²

序号	指　标　编　号		3F-011（2）	
	项　　　目	单位	300m² 以内	
			围护墙和内隔墙	
			金额	占指标基价比例（%）
	指　标　基　价	元	2 291.37	100
一	建筑工程费用	元	1 897.62	83
二	安装工程费用	元	0.00	0
三	设备购置费	元	0.00	0
四	工程建设其他费	元	284.64	12
五	基本预备费	元	109.11	5
建筑安装工程单方造价				
	项　目　名　称	单位	金额	
一	人工费	元	472.35	
二	材料费	元	896.56	
三	机械费	元	23.84	
四	综合费	元	348.19	
五	税金	元	156.68	
人工、主要材料单方用量				
	项　目　名　称	单位	单价	数量	合价
一	人工	工日	117.50	4.02	472.35
二	预制构件（胶合木）	m³	—	—	—
三	结构板	m²	35.00	2.24	78.40
四	龙骨、格栅	m³	2 600.00	0.09	234.00
五	五金件	kg	—		

单位: m²

序号	指标编号		3F-012（1）	
	项 目	单位	1 000m² 以内	
			主体结构	
			金额	占指标基价比例（%）
	指 标 基 价	元	3 619.36	100
一	建筑工程费用	元	2 997.40	83
二	安装工程费用	元	0.00	0
三	设备购置费	元	0.00	0
四	工程建设其他费	元	449.61	12
五	基本预备费	元	172.35	5
建筑安装工程单方造价				
	项 目 名 称	单位	金额	
一	人工费	元	625.10	
二	材料费	元	1 494.88	
三	机械费	元	79.95	
四	综合费	元	549.98	
五	税金	元	247.49	

人工、主要材料单方用量

	项 目 名 称	单位	单价	数量	合价
一	人工	工日	117.50	5.32	625.10
二	预制构件（胶合木）	m³	7 500.00	0.10	750.00
三	结构板	m²	35.00	1.43	50.05
四	龙骨、格栅	m³	2 600.00	0.06	156.00
五	五金件	kg	18.00	23.93	430.74

单位: m²

序号		指 标 编 号		3F-012（2）	
	项　目		单位	1 000m² 以内	
				围护墙和内隔墙	
				金额	占指标基价比例（%）
	指 标 基 价		元	1 488.26	100
一	建筑工程费用		元	1 232.51	83
二	安装工程费用		元	0.00	0
三	设备购置费		元	0.00	0
四	工程建设其他费		元	184.88	12
五	基本预备费		元	70.87	5
建筑安装工程单方造价					
	项 目 名 称		单位	金额	
一	人工费		元	249.10	
二	材料费		元	633.68	
三	机械费		元	21.81	
四	综合费		元	226.15	
五	税金		元	101.77	
人工、主要材料单方用量					
	项 目 名 称	单位	单价	数量	合价
一	人工	工日	117.50	2.12	249.10
二	预制构件（胶合木）	m³	—	—	—
三	结构板	m²	35.00	2.66	93.10
四	龙骨、格栅	m³	2 600.00	0.09	234.00
五	五金件	kg	—	—	—

单位：m²

序号	项　目	单位	指　标　编　号	3F-013（1）
			1 000m² 以外（层高8m以内）	
			主体结构	
			金额	占指标基价比例（%）
	指　标　基　价	元	2 756.48	100
一	建筑工程费用	元	2 282.80	83
二	安装工程费用	元	0.00	0
三	设备购置费	元	0.00	0
四	工程建设其他费	元	342.42	12
五	基本预备费	元	131.26	5

建筑安装工程单方造价

	项　目　名　称	单位	金额
一	人工费	元	529.93
二	材料费	元	1 046.40
三	机械费	元	99.12
四	综合费	元	418.86
五	税金	元	188.49

人工、主要材料单方用量

	项　目　名　称	单位	单价	数量	合价
一	人工	工日	117.50	4.51	529.93
二	预制构件（胶合木）	m³	7 500.00	0.17	1 275.00
三	结构板	m²	35.00	1.60	56.00
四	龙骨、格栅	m³	2 600.00	0.04	104.00
五	五金件	kg	18.00	9.97	179.46

单位: m²

序号	项　目	单位	指标编号	3F-013（2）
			1 000m²　以外（层高 8m 以内）	
			围护墙和内隔墙	
			金额	占指标基价比例（%）
	指 标 基 价	元	2 670.51	100
一	建筑工程费用	元	2 211.60	83
二	安装工程费用	元	0.00	0
三	设备购置费	元	0.00	0
四	工程建设其他费	元	331.74	12
五	基本预备费	元	127.17	5

建筑安装工程单方造价			
项 目 名 称	单位	金额	
一	人工费	元	707.35
二	材料费	元	894.46
三	机械费	元	21.38
四	综合费	元	405.80
五	税金	元	182.61

人工、主要材料单方用量				
项 目 名 称	单位	单价	数量	合价
一	人工	工日	117.50	6.02	707.35
二	预制构件（胶合木）	m³	—	—	—
三	结构板	m²	35.00	0.10	3.50
四	龙骨、格栅	m³	2 600.00	0.05	130.00
五	五金件	kg	—	—	—

单位：m²

序号	项　目	单位	指标编号	3F-014（1）
			1 000m² 以外（层高 8m 以上）	
			主体结构	
			金额	占指标基价比例（%）
	指　标　基　价	元	5 329.79	100
一	建筑工程费用	元	4 413.90	83
二	安装工程费用	元	0.00	0
三	设备购置费	元	0.00	0
四	工程建设其他费	元	662.09	12
五	基本预备费	元	253.80	5

建筑安装工程单方造价			
	项 目 名 称	单位	金额
一	人工费	元	509.95
二	材料费	元	2 591.80
三	机械费	元	137.81
四	综合费	元	809.89
五	税金	元	364.45

人工、主要材料单方用量				
	项 目 名 称	单位	单价	数量	合价
一	人工	工日	117.50	4.34	509.95
二	预制构件（胶合木）	m³	7 500.00	0.24	1 800.00
三	结构板	m²	35.00	1.31	45.85
四	龙骨、格栅	m³	—	—	—
五	五金件	kg	18.00	35.67	642.06

单位: m²

序号	指标编号		3F-014（2）	
	项 目	单位	1 000m² 以外（层高 8m 以上）	
			围护墙和内隔墙	
			金额	占指标基价比例（%）
	指 标 基 价	元	2 647.59	100
一	建筑工程费用	元	2 192.62	83
二	安装工程费用	元	0.00	0
三	设备购置费	元	0.00	0
四	工程建设其他费	元	328.89	12
五	基本预备费	元	126.08	5

建筑安装工程单方造价

	项 目 名 称	单位	金额	
一	人工费	元	196.23	
二	材料费	元	1 381.02	
三	机械费	元	32.01	
四	综合费	元	402.32	
五	税金	元	181.04	

人工、主要材料单方用量

	项 目 名 称	单位	单价	数量	合价
一	人工	工日	117.50	1.67	196.23
二	预制构件（胶合木）	m³	—	—	—
三	幕墙	m²	1 020.00	0.94	958.80
四	结构板	m²	35.00	1.75	61.25
五	龙骨、格栅	m³	2 600.00	0.02	52.00
六	五金件	kg	—	—	—

四、装配式工程装修和安装工程投资估算参考指标

单位：m²

序号	指　标　编　号		4F-001	
	项　　目	单位	装修和安装工程（居住建筑类）	
			金额	占指标基价比例（%）
	指　标　基　价	元	1 932.00	100
一	建筑工程费用	元	1 600.00	83
二	安装工程费用	元	0.00	0
三	设备购置费	元	0.00	0
四	工程建设其他费	元	240.00	12
五	基本预备费	元	92.00	5
建筑安装工程单方造价				
	项　目　名　称	单位	金额	
一	人工费	元	395.17	
二	材料费	元	759.51	
三	机械费	元	19.63	
四	综合费	元	293.58	
五	税金	元	132.11	
装修和安装工程参考指标				
	项　目　名　称	单位	参考指标	
一	装修费用	元	1 300.00	
二	安装费用	元	300.00	

注：装修费用中包含室内简易精装费 500 元 /m²，当实际精装修标准与指标有较大差异时可按实调整。

单位：m²

序号	指 标 编 号		4F-002	
	项　目	单位	装修和安装工程（公共建筑类）	
			金额	占指标基价比例（%）
	指 标 基 价	元	2 656.50	100
一	建筑工程费用	元	2 200.00	83
二	安装工程费用	元	0.00	0
三	设备购置费	元	0.00	0
四	工程建设其他费	元	330.00	12
五	基本预备费	元	126.50	5
建筑安装工程单方造价				
	项 目 名 称	单位	金额	
一	人工费	元	543.80	
二	材料费	元	1 029.19	
三	机械费	元	41.69	
四	综合费	元	403.67	
五	税金	元	181.65	
装修和安装工程参考指标				
	项 目 名 称	单位	参考指标	
一	装修费用	元	1 500.00	
二	安装费用	元	700.00	

注：装修费用中包含室内简易精装费700元/m²，当实际精装修标准与指标有较大差异时可按实调整。

附　　录

附录 A 人工、主要材料单价取定表

人工、主要材料单价取定表

序号	材料名称及规格型号	单位	单价（元）
1	人工	工日	117.50
一	装配式混凝土结构主要材料单价		
2	预制混凝土构件	m³	4 078.80
3	现浇钢筋	kg	4.34
4	现浇混凝土	m³	482.80
5	砌体	m³	478.80
6	预制内墙板	m³	3 743.00
7	轻质墙板	m²	90.00
二	装配式钢结构主要材料单价		
8	钢构件	kg	7.50
9	防火涂料	kg	6.00
10	钢筋	kg	4.34
11	混凝土	m³	482.20
12	楼承板（轻型钢结构）	m²	105.00
13	楼承板	m²	90.00
14	加气混凝土砌块	m³	478.80
15	ALC 轻质墙板	m³	800.00
16	玻璃幕墙	m²	1 020.00
三	装配式木结构主要材料单价		
17	胶合木柱、梁	m³	7 500.00
18	规格材	m³	2 600.00
19	定向刨花板	m²	35.00
20	规格材木骨架	m³	2 600.00
21	五金件	kg	18.00
22	防腐木	m³	3 200.00

附录 B 装配式建筑与传统建筑经济指标对比分析

一、装配式混凝土建筑与传统建筑经济指标对比分析

装配式混凝土建筑与传统建筑经济指标对比分析表

测算内容		人工用量下降（%）	建筑垃圾减少（%）	建筑污水减少（%）	能耗降低（%）	装配式增量成本（%）
装配式混凝土建筑对比传统建筑	15%	10	20	10	10	5~15
	30%	15	40	15	15	8~20
	50%	25	70	25	20	10~25
	60%	30	75	35	25	12~27
	70%	35	80	45	30	15~30

注：1. 测算对象为 ±0 以上部分高层装配式混凝土建筑住宅与传统建筑住宅。

2. 装配式建筑增量成本的百分比计算基数为同规模同类型传统建筑成本。

3. 以上指标仅供参考。

二、装配式钢结构建筑与传统建筑经济指标对比分析

装配式钢结构建筑与传统建筑经济指标对比分析表

序号	测算内容		人工用量下降（%）	工期提前（%）	建筑垃圾减少（%）	建筑污水减少（%）	材料回收利用率（%）	装配式增量成本（%）
1	装配式钢结构建筑对比传统建筑	30%	20~25	20	40	5	25	10~12
2		40%	20~25	25	45	7	28	12~15
3		50%	20~25	30	50	8	30	15~20
4		60%	25~30	35	55	10	33	15~20
5		70%	25~30	40	60	13	35	15~20
6		80%	30~40	45	65	16	38	15~20
7		90%	30~40	50	70	20	40	20~25

注：1. 测算对象为 ±0 以上部分高层装配式钢结构建筑住宅与传统建筑住宅。

2. 以上指标仅供参考。

附录 C 工业化内装增量成本单项参考指标

工业化内装增量成本单项参考指标表

序号	项目名称	工业化内装		传统工艺装修		单位	造价增量	备注
		主要技术特征	造价指标	主要技术特征	造价指标			
1	集成卫生间	1. 建筑做法：地面为架空地面模块，墙面为涂装墙板，天棚为涂装集成板。2. 建筑材料：集成卫生间常用装装板、SMC、彩钢、瓷砖等。3. 卫生间配置：专利地漏、集成门窗套、集成卫浴。4. 现场工效：干法施工，预制生产，无粉尘、噪声污染，2个人4h即可安装1套	3 500～6 000	1. 建筑做法：地面为地面贴砖，墙面为墙面贴砖，天棚为铝扣板吊顶。2. 卫生间配置：专利地漏、卫浴安装	1 500～2 500	元/m²	2 000～3 500	可根据实际户型定制
2	集成厨房	1. 建筑做法：地面为架空地面模块，墙面为涂装墙面，天棚：涂装集成板吊顶。2. 建筑材料：常用涂装板等。3. 厨房配置：集成门窗套，集成橱柜（厨具、电器、燃气具）。4. 现场工效：干法施工，预制生产，无粉尘、噪声污染，2个人4h即可安装1套	3 500～4 500	1. 建筑做法：地面为地面贴砖，墙面为墙面贴砖，天棚为铝扣板吊顶。2. 厨房配置：橱柜安装（厨具、电器、燃气具）	2 200～3 000	元/m²	1 300～1 500	可根据实际户型定制
3	干式工法楼面	1. 建筑做法：架空模块或地暖模块。2. 建筑材料：涂装快装地板。3. 建筑优势：无须开槽，架空层直接安装线管和水管；厂内精准尺寸预制，现场无二次加工；全干法装配施工，摒弃传统水泥黄沙湿法作业。4. 现场工效：干法施工，定制，1个工人1天可以安装1户	250～380	建筑做法：传统湿法施工地面贴砖或石材或木地板等	120～200	元/m²	130～180	

续表

序号	项目名称	工业化内装		传统工艺装修		单位	造价增量	备注
		主要技术特征	造价指标	主要技术特征	造价指标			
4	管线分离	1. 建筑做法：电气配管与主体结构的分离。 2. 建筑优势：铺设电气及给排水管线根据建筑构件形式组成不同的管线接口模块，各管线模块之间的连接通过管线接口技术在现场进行灵活组装，避免了传统预埋电气配管的施工做法，具有较高的灵活性和适用性。 3. 现场工效：不用开槽安装速度快，1天能完成1户	105~120	建筑做法：墙地预埋或开槽水电管线需横平竖直	120~150	元/m²	-30~-15	
5	装配式墙面工程	1. 建筑做法：轻钢龙骨快装集成墙。 2. 建筑优势：施工速度快，质量标准一，符合国家环保标准等。采用专利P型调支架平定位及安装，龙骨安装，墙板密拼工字型线条，面层墙板上墙安装。 3. 现场工效：不需要专业的瓦工安装，一般熟练工人就可以安装	250~290	建筑做法：传统湿法施工墙面贴砖或乳胶漆等	60~180	元/m²	110~190	
6	装配式顶棚工程	建筑做法：主要做法与装配式集成吊顶	120~160	建筑做法：主要做法与装配式无异，采用快配式集成吊顶，常用吊顶材料为石膏板吊顶	120~160	元/m²	—	
7	全装修	1. 建筑做法：干式工法楼面，轻钢龙骨快装集成隔墙，快装集成吊顶，集成厨卫等装配式全装修。 2. 建筑优势：全屋定制生产，现场拼装，减少建筑垃圾，缩短工期	1 200~3 500	建筑做法：主要做法与装配式无异，常用吊顶材料为石膏板吊顶	800~2 000	元/m²	400~1 500	

注：以上"m²"指对应各功能分区面积。

附录 D 预制装配整体式模块化建筑参考指标

预制装配整体式模块化建筑参考指标表

序号	项目名称	低档		中档		高档	
		具体做法	参考指标	具体做法	参考指标	具体做法	参考指标
1	层数≤3	1. 用钢量：120～210kg/m²，焊接框架结构。 2. 天花： 干区：轻钢龙骨吊顶+贴面石膏板。 湿区：轻钢龙骨吊顶+PVC扣板。 3. 墙体： 外墙+硅酸钙外挂板+轻钢龙骨+防水透气膜+OSB板+玻璃棉+轻钢框架+贴面石膏板； 内隔墙：贴面石膏板+贴面石膏板+轻钢框架+贴面石膏板； 厨房内墙：贴面石膏板+贴面石膏板+轻钢框架+贴面石膏板； 卫生间内墙：瓷砖薄贴+瓷砖薄贴+硅酸钙板+轻钢框架+玻璃棉+贴面石膏板。 4. 地面： 干区：硅酸钙板+复合木地板； 湿区：硅酸钙板+界面剂+防潮膜+界面剂+防水层+瓷砖薄贴。 5. 管线设备：管线集成于墙体和天花内部。 6. 厨卫：全套卫浴设备+橱柜+吊柜+管线	3 000～5 500元/m²（含税不含运费、基础）。 注：低档产品的材料选取以符合相关规范为主	1. 用钢量：120～210kg/m²，焊接框架结构。 2. 天花： 干区：轻钢龙骨吊顶+石膏板+腻子+乳胶漆； 湿区：轻钢龙骨吊顶+铝合金扣板。 3. 墙体： 外墙+水泥纤维外挂板+轻钢龙骨+防水透气膜+水泥纤维板+岩棉+轻钢框架+腻子+乳胶漆； 内隔墙：乳胶漆+腻子+石膏板+岩棉+轻钢框架+石膏板+腻子+乳胶漆； 厨房内墙：乳胶漆+腻子+石膏板+岩棉+轻钢框架+石膏板+腻子+乳胶漆； 卫生间内墙：瓷砖薄贴+防水层+水泥纤维板+轻钢框架+岩棉+石膏板+腻子+乳胶漆； 4. 地面： 干区：OSB板+水泥纤维板+实木地板； 湿区：钢制底盘+防潮膜+OSB板+水泥纤维板+界面剂+防水层+瓷砖薄贴。 5. 管线设备：管线集成于墙体和天花内部。 6. 厨卫：全套卫浴设备+橱柜+吊柜+管线	5 500～10 000元/m²（含税不含运费、基础）。 注：中档产品的材料选取除需符合相关规范，以国内二、三线品牌为主	1. 用钢量：120～210kg/m²，焊接框架结构。 2. 天花： 干区：轻钢龙骨吊顶+石膏板+腻子+乳胶漆； 湿区：轻钢龙骨吊顶+铝合金扣板。 3. 墙体： 外墙：金属挂板+轻钢龙骨+防水透气膜+石膏板+轻钢框架+轻钢龙骨+快装墙板； 内隔墙：乳胶漆/空贴壁衣+腻子+水泥纤维板+岩棉+轻钢框架+水泥纤维板+快装墙板； 厨房内墙：乳胶漆/空贴壁衣+腻子+水泥纤维板+岩棉+石膏板+腻子+乳胶漆/空贴壁衣； 卫生间内墙：瓷砖薄贴+轻钢框架+岩棉+石膏板+乳胶漆/空贴壁衣。 4. 地面： 干区：OSB板+减震隔音垫+水泥纤维板+界面剂+防潮膜+实木强化地板； 湿区：钢制底盘+OSB板+减震隔音垫+界面剂+水泥纤维板+防水层+瓷砖薄贴。 5. 管线设备：管线集成于墙体和天花内部。 6. 厨卫：全套卫浴设备（集成卫浴）+橱柜+吊柜+管线	>10 000元/m²（含税不含运费、基础）。 注：高档产品的材料选取除需符合相关规范，以国内知名、国际高端品牌的一、二线品牌为主

续表

序号	项目名称	低档		中档		高档	
		具体做法	参考指标	具体做法	参考指标	具体做法	参考指标
2	层数≤6	1. 用钢量：120～210kg/m²，焊接框架结构。 2. 天花： 干区：轻钢龙骨吊顶＋贴面石膏板； 湿区：轻钢龙骨吊顶＋贴面石膏板。 3. 墙体： 外墙：硅酸钙外挂板＋轻钢龙骨＋防水透气膜＋OSB板＋玻璃棉＋轻钢框架＋贴面石膏板； 内隔墙：硅酸钙板＋玻璃棉＋轻钢框架＋贴面石膏板。 厨房内墙：贴面石膏版＋轻钢框架＋玻璃棉＋轻钢框架＋贴面石膏板； 卫生间内墙：瓷砖薄贴＋防水层＋硅酸钙板＋轻钢框架＋玻璃棉＋贴面石膏板。 4. 地面： 干区：硅酸钙板＋界面剂＋防潮膜＋复合木地板； 湿区：硅酸钙板＋界面剂＋防水层＋瓷砖薄贴。 5. 管线设备：管线集成于墙体和天花内部。 6. 厨卫：全套卫浴设备＋橱柜＋吊柜＋管线	4 000～6 500元/m²（含税不含运费，基础）。 注：低档产品的材料选取以符合相关规范为主	1. 用钢量：120～210kg/m²，焊接框架结构。 2. 天花： 干区：轻钢龙骨吊顶＋石膏板＋腻子＋乳胶漆； 湿区：轻钢龙骨吊顶＋铝合金扣板。 3. 墙体： 外墙：水泥纤维板外挂板＋轻钢龙骨＋防水透气膜＋石膏板＋腻子＋乳胶漆； 内隔墙：乳胶漆＋腻子＋石膏板＋岩棉＋轻钢框架＋石膏板＋腻子＋乳胶漆； 厨房内墙：乳胶漆＋腻子＋石膏板＋岩棉＋水泥纤维板＋岩棉＋瓷砖薄贴； 卫生间内墙：瓷砖薄贴＋防水层＋水泥纤维板＋轻钢框架＋岩棉＋石膏板＋腻子＋乳胶漆。 4. 地面： 干区：OSB板＋水泥纤维板＋实木地板； 湿区：界面剂＋防潮膜＋OSB板＋水泥纤维板＋界面剂＋防水层＋瓷砖薄贴。 5. 管线设备：管线集成于墙体和天花内部。 6. 厨卫：全套卫浴设备＋橱柜＋吊柜＋管线	6 500～11 000元/m²（含税不含运费，基础）。 注：中档产品的材料选取除需符合相关规范，以国内二、三线品牌为主	1. 用钢量：120～210kg/m²，焊接框架结构。 2. 天花： 干区：轻钢龙骨吊顶＋石膏板＋腻子＋乳胶漆； 湿区：轻钢龙骨吊顶＋铝合金扣板。 3. 墙体： 外墙：金属挂板＋轻钢龙骨＋防水透气膜＋水泥纤维板＋岩棉＋轻钢框架＋石膏板＋快装墙板； 内隔墙：乳胶漆／空贴壁衣＋腻子＋石膏板＋岩棉＋轻钢框架＋水泥纤维板＋快装墙板； 厨房内墙：乳胶漆／空贴壁衣＋腻子＋水泥纤维板＋岩棉＋瓷砖薄贴； 卫生间内墙：瓷砖薄贴＋防水层＋水泥纤维板＋轻钢框架＋岩棉＋石膏板＋腻子＋乳胶漆／空贴壁衣。 4. 地面： 干区：OSB板＋减震隔音垫＋水泥纤维板＋界面剂＋实木强化地板； 湿区：钢制底盘＋OSB板＋减震隔音垫＋水泥纤维板＋界面剂＋防水层＋瓷砖薄贴。 5. 管线设备：管线集成于墙体和天花内部。 6. 厨卫：全套卫浴设备（集成卫浴）＋橱柜＋吊柜＋管线	>11 000元/m²（含税不含运费，基础）。 注：高档产品的材料选取除需符合相关规范，以国际国内知名的一、二线品牌为主

续表

序号	项目名称	低档		中档		高档	
		具体做法	参考指标	具体做法	参考指标	具体做法	参考指标
3	层数 >6	1. 用钢量:120~210kg/m²,焊接框架结构。 2. 天花: 干区:轻钢龙骨吊顶+贴面石膏板; 湿区:轻钢龙骨吊顶+贴面石膏板。 3. 墙体: 外墙:硅酸钙外挂板+轻钢龙骨+防水透气膜+OSB板+玻璃棉+轻钢框架+贴面石膏板; 内隔墙:贴面石膏板+轻钢框架+玻璃棉+贴面石膏板; 厨房内墙:贴面石膏板+玻璃棉; 卫生间内墙:贴面石膏板+贴面石膏板; 防水层+硅酸钙板+轻钢框架+玻璃棉+贴面石膏板。 4. 地面: 干区:硅酸钙板+界面剂+防潮膜+复合木地板; 湿区:硅酸钙板+界面剂+防水层+瓷砖薄贴。 5. 管线设备:管线集成干墙体和天花内部。 6. 厨卫:全套卫浴设备+橱柜+吊柜+管线	4 500~7 500元/m²(含税不含运费、基础)。 注:低档产品的材料选取以符合相关规范为主	1. 用钢量:120~210kg/m²,焊接框架结构。 2. 天花: 干区:轻钢龙骨吊顶+石膏板+腻子+乳胶漆; 湿区:轻钢龙骨吊顶+铝合金扣板。 3. 墙体: 外墙:水泥纤维外挂板+轻钢龙骨+防水透气膜+水泥纤维板+石膏板+腻子+乳胶漆; 内隔墙:乳胶漆+腻子+石膏板+岩棉+轻钢框架+石膏板+腻子+乳胶漆; 厨房内墙:乳胶漆+腻子+石膏板+岩棉+轻钢框架+水泥纤维板+瓷砖薄贴; 卫生间内墙:瓷砖薄贴+防水层+水泥纤维板+轻钢框架+岩棉+石膏板+腻子+乳胶漆。 4. 地面: 干区:OSB板+水泥纤维板+实木地板; 界面剂+防潮膜+防水层+瓷砖薄贴。 湿区:钢制底盘+OSB板+水泥纤维板+界面剂+防水层+瓷砖薄贴。 5. 管线设备:管线集成干墙体和天花内部。 6. 厨卫:全套卫浴设备+橱柜+吊柜+管线	7 500~12 000元/m²(含税不含运费、基础)。 注:中档产品的材料选取需符合相关规范,以国内二、三线品牌为主	1. 用钢量:120~210kg/m²,焊接框架结构。 2. 天花: 干区:轻钢龙骨吊顶+石膏板+腻子+乳胶漆; 湿区:轻钢龙骨吊顶+铝合金扣板。 3. 墙体: 外墙:金属挂板+轻钢龙骨+防水透气膜+空贴膜/空贴壁衣+岩棉+轻钢框架+水泥纤维板+快装墙板; 内隔墙:乳胶漆/空贴壁衣+腻子+水泥纤维板+岩棉+轻钢框架+水泥纤维板+腻子+乳胶漆/空贴壁衣; 厨房内墙:乳胶漆/空贴壁衣+水泥纤维板+瓷砖薄贴; 卫生间内墙:瓷砖薄贴+防水层+水泥纤维板+轻钢框架+岩棉+石膏板+腻子+乳胶漆/空贴壁衣。 4. 地面: 干区:OSB板+减震隔音垫+水泥纤维板+界面剂+防潮膜+实木强化地板; 湿区:钢制底盘+OSB板+减震隔音垫+水泥纤维板+界面剂+防水层+瓷砖薄贴。 5. 管线设备:管线集成干墙体和天花内部。 6. 厨卫:全套集成卫浴设备(集成卫浴)+橱柜+吊柜+管线	>12 000元/m²(含税不含运费、基础)。 注:高档产品的材料选取需符合相关规范,以国内知名的一、二线品牌为主

注:以上"m²"指的是各模块化建筑面积。

附录 E   术   语

一、装配式建筑

由预制部品部件在工地装配而成的建筑。

二、装配率

单体建筑室外地坪以上的主体结构、围护墙和内隔墙、装修和设备管线等采用预制部品部件的综合比例。

三、装配式混凝土建筑

建筑的结构系统由混凝土部件（预制构件）构成的装配式建筑。

四、预制混凝土构件

在工厂或现场预先生产制作的混凝土构件，简称预制构件。

五、装配式钢结构建筑

建筑的结构系统由钢部（构）件构成的装配式建筑。

六、轻型钢结构

由小截面的热轧 H 型钢、高频焊接 H 型钢、普通焊接 H 型钢或异型截面型钢、冷轧或热轧成型的钢管等构件构成的纯框架或框架 – 支撑结构体系。

七、钢框架结构

以钢梁和钢柱或钢管混凝土柱刚接连接，具有抗剪和抗弯能力的结构。

八、钢框架 – 支撑结构

由钢框架和钢支撑构件组成，能共同承受竖向、水平作用的结构，钢支撑分中心支撑、偏心支撑和弯曲约束支撑等。

九、桁架结构

由上弦、腹杆与下弦杆构成的剖面为三角形或四边形的格构式桁架结构。

十、装配式木结构建筑

建筑的结构系统由木结构承重构件组成的装配式建筑。

十一、轻型木结构

用规格材及木基结构板材或石膏板制作的木构架墙体，楼板和屋盖系统构成的单层或者多层建筑结构。

十二、胶合木结构

用胶粘方法将木料或木料与胶合板拼接成尺寸与形状符合要求而又具有整体木材效能的构件和结构。

十三、民用建筑

供人们居住和进行公共活动的建筑的总称。

十四、居住建筑

供人们居住使用的建筑。

十五、公共建筑

供人们进行各种公共活动的建筑。

十六、全装修

建筑功能空间的固定面装修和设备设施安装全部完成，达到建筑使用功能和性能的基本要求。

十七、内装工业化

通过标准化设计、工厂化生产、装配化施工和信息化管理所进行的室内装修工程。

十八、集成厨房

地面、吊顶、墙面、橱柜、厨房设备及管线等通过设计集成、工厂生产,在工地现场主要采用干式工法施工完成的厨房。

十九、集成卫生间

地面、吊顶、墙面、洁具设备及管线等通过设计集成、工厂生产,在工地主要采用干式工法装配而成的卫生间。

二十、建筑模块

在工厂预先制作的单个房间或具有一定功能的三维建筑空间单元。

二十一、预制装配整体式模块化建筑

由建筑模块通过可靠的连接方式装配而成的建(构)筑物。

主编单位：湖北省建设工程标准定额管理总站

参编单位：中建三局绿色产业投资有限公司

中建科工集团有限公司

湖北福汉木业（集团）发展有限责任公司

湖北天欣木结构房制造有限公司

编制人员：刘中强　朱杰峰　柯经安　彭　博　郭　璇　王新高　谢路阳　胡谋东

王　娟　王伟超　孙　涛　杨　卿　张继雪　余运波　顾同虎　张文臣

熊　锋　陈　瞻　刘杨梅　邓茂青　郑　蓉

审查专家：季　挺　袁春林　张胜利　王朝阳　严　玲　陈　伟　肖　明　高　颖